Mari Francis Álvarez

Pocos ganan, muchos pierden

Mari Francis Álvarez

Pocos ganan, muchos pierden

soja, agroquímicos y salud

PUBLICACIONES UNIVERSITARIAS ARGENTINAS

Impresión
Informacion bibliografica publicada por Deutsche Nationalbibliothek: La Deutsche Nationalbibliothek enumera esa publicacion en Deutsche Nationalbibliografie; datos bibliograficos detallados estan disponibles en Internet en http://dnb.d-nb.de.
Los demás nombres de marcas y nombres de productos mencionados en este libro están sujetos a la marca registrada o la protección de patentes y son marcas comerciales o marcas comerciales registradas de sus respectivos propietarios. El uso de nombres de marcas, nombres de productos, nombres comunes, nombres comerciales, descripciones de productos, etc incluso sin una marca particular en estos publicaciones, de ninguna manera debe interpretarse en el sentido de que estos nombres pueden ser considerados ilimitados en materia de marcas y legislación de protección de marcas, y por lo tanto ser utilizados por cualquier persona.

Imagen de portada: www.ingimage.com

Editor: PUBLICACIONES UNIVERSITARIAS ARGENTINAS es una marca comercial de
Südwestdeutscher Verlag für Hochschulschriften GmbH & Co. KG
Heinrich-Böcking-Str. 6-8, 66121 Saarbrücken, Alemania
Teléfono +49 681 3720-271-1, Fax +49 681 3720-271-0
Correo Electronico: info@svh-verlag.de

Publicado en Alemania
Schaltungsdienst Lange o.H.G., Berlin, Books on Demand GmbH, Norderstedt,
Reha GmbH, Saarbrücken, Amazon Distribution GmbH, Leipzig
ISBN: 978-3-8454-6025-3

Imprint (only for USA, GB)
Bibliographic information published by the Deutsche Nationalbibliothek: The Deutsche Nationalbibliothek lists this publication in the Deutsche Nationalbibliografie; detailed bibliographic data are available in the Internet at http://dnb.d-nb.de.
Any brand names and product names mentioned in this book are subject to trademark, brand or patent protection and are trademarks or registered trademarks of their respective holders. The use of brand names, product names, common names, trade names, product descriptions etc. even without a particular marking in this works is in no way to be construed to mean that such names may be regarded as unrestricted in respect of trademark and brand protection legislation and could thus be used by anyone.

Cover image: www.ingimage.com

Publisher: PUBLICACIONES UNIVERSITARIAS ARGENTINAS
is an imprint of the publishing house
Südwestdeutscher Verlag für Hochschulschriften GmbH & Co. KG
Heinrich-Böcking-Str. 6-8, 66121 Saarbrücken, Germany
Phone +49 681 3720-271-1, Fax +49 681 3720-271-0
Email: info@svh-verlag.de

Printed in the U.S.A.
Printed in the U.K. by (see last page)
ISBN: 978-3-8454-6025-3

Pocos ganan, muchos pierden: soja, agroquímicos y salud

Departamento Río Segundo

Equipo de investigación
Directora: María Franci Susan Álvarez
Co-Directora: María Cecilia Conci

Integrantes
Cledis Peccoud, Elvira Carrizo, Enrique Peláez,
Osvaldo Lorenzo Bertone

Índice

Introducción

En Argentina, en las últimas décadas, se produjo un importante cambio en el uso de la tierra, la frontera agrícola se expandió, grandes extensiones de bosques nativos y áreas dedicadas a otras actividades agropecuarias y ganaderas, fueron reemplazadas por el monocultivo de soja. Esto fue posible gracias a modificaciones en el tipo de semillas (modificadas genéticamente) y a la tecnología utilizada en la labranza (siembra directa, uso de herbicidas, etc.). Este modelo de explotación, que exige motorización y escasa mano de obra, es redituable cuando se manejan vastas superficies y la llevan a cabo productores de grandes empresas nacionales y trasnacionales, produciendo un cambio en la relación producción/trabajo.

El proceso de expansión de la agricultura, con el fin de producir insumos para la elaboración de agrocombustibles y de alimentos para los animales de los grandes mercados mundiales, es un fenómeno global que afecta fundamentalmente a los países en vía de desarrollo. En Argentina, los cambios en el uso de la tierra, la mayor tecnificación de la agricultura y la eliminación paulatina de la producción lechera y ganadera hicieron que la población rural disminuyera y por ende la zona urbana creció sin un planeamiento; a la vez que se sometía a la misma, a la exposición permanente de agroquímicos.

La consecuencia ecosistémica del cambio en el uso de la tierra en Argentina está ampliamente estudiada, pero el impacto que produce en la calidad de vida de la población, está escasamente investigado. Por tal motivo, el objetivo general de esta investigación es analizar la evolución de la agriculturización, la situación de algunos indicadores sociales (2001) y el perfil de la mortalidad -desde la década del 80- del departamento Río Segundo de la provincia de Córdoba, con el fin de valorar el posible impacto que pudo ejercer el proceso experimentado por el agro sobre la calidad de vida de la población.

La información secundaria disponible para la región proviene fundamentalmente de los censos nacionales de población y agropecuarios, como también de los registros de defunciones procedentes de la Dirección de Estadísticas del Ministerio de Salud de la Nación. Como es de público conocimiento los Censos nacionales de población se realizan cada 10 años aproximadamente (los últimos fueron en 1980, 1991 y 2001), los censos nacionales agropecuarios no tienen periodicidad y se dispone de la información de 1988 y 2002. Respecto a las estadísticas vitales (defunciones) el registro es permanente, al momento de la investigación se disponía de las bases de datos desde 1980 hasta 2005; a los efectos comparativos se tomaron dos trienios en los extremos del intervalo. Lo que se trata de captar son las tendencias de los indicadores, ya que las medidas socio demográficas son poco sensibles para registrar cambios y lo hacen en periodos largos.

El proceso de agriculturización

La evolución del modelo económico nacional, en el marco de los vaivenes mundiales

En la segunda mitad del siglo XX los términos crecimiento, desarrollo, industrialización, modernización, fueron expresiones de una fe renovada en el progreso universal. Se pensaba que toda la humanidad debía caminar hacia un mundo nuevo donde reinaría la justicia, la libertad, la felicidad, la calidad de la vida. Hoy a comienzo del siglo XXI observamos que estamos lejos de esa situación idílica; hubo crecimiento pero al precio de la destrucción de la naturaleza, la brecha entre los países desarrollados y los países en desarrollo no ha cesado de agrandarse, las guerras son un fenómeno cotidiano, la vida en las grandes ciudades ha llegado a un punto de extrema deshumanización, grandes poblaciones mueren de hambre, continúan situaciones de esclavitud de algunos sectores, como también el tráfico de seres humanos.

Al mismo tiempo, durante estás últimas décadas se han producido transformaciones asombrosas. Se pueden citar como ejemplo: las comunicaciones, la biotecnología, la robotización, la exploración espacial, entre otros. Pero también es necesario recordar que frente a estos logros, las zonas más desfavorecidas del planeta aumentaron su marginación y los procesos de deterioro de los equilibrios naturales llegaron a un extremo insostenible[1].

Existe coincidencia entre los investigadores, sobre la historia económica de la Argentina, en cuanto a la definición de tres etapas: el llamado modelo[2] agroexportador, el modelo de industrialización por sustitución de importaciones y el modelo rentístico financiero. La Argentina agroexportadora, que duró desde los años 80 del siglo XIX hasta la década de 1930, tuvo como notas destacadas: grandes recursos agrícolas, capitales externos y amplias masas de población inmigrante. Este modelo se sustentaba en una estructura socio-económica en donde la tierra estaba en pocas manos y en donde el endeudamiento externo se generaba frecuentemente sin control y con fines especulativos. Desde el punto de vista de la inserción en el mundo, la Argentina se había transformado en un gran exportador de productos agrícolas e importador de manufacturas y bienes de capital, favorecida por una división internacional del trabajo, cuyo eje principal era Gran Bretaña[3].

El modelo de industrialización por sustitución de importaciones (1930-1976), que siguió al período agroexportador, tuvo como protagonista a la oligarquía que retorna al poder en 1930, frente al derrumbe de la economía mundial y la necesidad de salvaguardar sus propios intereses. Este periodo tuvo por eje una intervención creciente del Estado en la economía y un crecimiento del sector industrial forzado por las circunstancias, aunque se intentaba conservar a toda costa los mercados existentes para la colocación de los productos agrarios[4].

En este periodo se produjeron cambios en la composición de la estructura social, como consecuencia de la ampliación de la masa

---

1 AROCENA, José, *El Desarrollo Local un Desafío Contemporáneo*. Nueva Sociedad, *Centro Latinoamericano de Economía Humana* (CLAEH), Caracas, Venezuela, 1995.

2 Un modelo económico considerado como un esquema simplificado que pretende reflejar una realidad compleja en sus principales rasgos, aunque se encuentren presentes en él características comunes a otras etapas.

3 RAPOPORT, Mario (2006): "Etapas y crisis en la historia económica argentina: 1880-2005", *Oikos* N°21, 55-88, EAE, Universidad Católica Silva Henríquez (UCSH), Santiago de Chile.

4 Ibídem.

de trabajadores industriales y urbanos, y las condiciones políticas resultante de gobiernos poco populares. Estas condiciones dieron lugar a la aparición de un fenómeno político nuevo, el peronismo, que apoyó el proceso de industrialización sobre la base de la participación social de los nuevos sectores y de la ampliación del mercado interno, y tuvo conductas de mayor autonomía en el marco internacional[5].

El gobierno de Perón (1949-1955) se destacó por cinco aspectos que no pueden dejar de mencionarse. En primer lugar, la inclusión de nuevos actores sociales a la vida pública del país pertenecientes a la clase obrera urbana y rural y a sectores medios bajos. En segundo término, una apreciable mejora en la distribución de los ingresos, llegando los asalariados a tener una participación del 50% del ingreso nacional. En tercer lugar, la entrada en vigencia de una serie de leyes sociales: jubilaciones y pensiones, aguinaldos, vacaciones pagas, convenios colectivos de trabajo; y el otorgamiento de otros beneficios materiales para los sectores de más bajos ingresos, como construcción de viviendas populares, hoteles sindicales, etc., que mejoraron notablemente la calidad de vida de la población. En cuarto término, la transferencia de ingresos mediante una política crediticia y mecanismos institucionales de manejo del comercio exterior- del sector agrario al industrial, acompañado por un proceso de nacionalización de las empresas de servicios públicos y de intervención creciente del Estado en la vida económica, sobre todo en los primeros años del gobierno. Por último, una política exterior más autónoma, que pretendía expresar una Tercera Posición entre el capitalismo y el comunismo. En septiembre de 1955, Perón se vio desplazado del poder por un golpe de Estado cívico-militar. Este hecho inauguró una etapa de inestabilidad política en la Argentina que llevó finalmente a la dictadura militar de 1976[6].

A principios de 1970 comienzan a modificarse estructuralmente los esquemas de funcionamiento de la dinámica de acumulación del capitalismo a escala internacional. Se produce la caída de la tasa de ganancia de las principales empresas de los países centrales, con el debilitamiento generalizado de la productividad, el incremento de

---

5 Ibídem.

6 Ibídem.

la inflación y del déficit de los sectores públicos. Estos hechos, acompañados de una expansión del endeudamiento, constituyen la base sobre la que se asienta la necesidad de transformar el modelo dominante. En diciembre de 1973, se produce la elevación del precio del petróleo en un 300%, determinada por sus principales países productores. En segundo lugar, como subproductos del incremento del ingreso monetario en los países de la reciente creada Organización de Países Exportadores de Petróleo (OPEP), aparece un nuevo componente en la formación de los recursos disponibles en los países centrales: la elevada liquidez en el área financiera. De este modo, el sistema bancario de los países centrales capta los excedentes monetarios que perciben los vendedores internacionales de petróleo, incapaces, en forma inmediata, de invertirlos productivamente en sus propios países[7].

La Argentina tenía hasta mediados de los 70 un aparato industrial con ciertos niveles de protección, controles de cambio, tasas reguladas de interés, un sistema financiero bastante controlado y, a pesar de diversas crisis en la balanza de pagos y procesos inflacionarios, tasas de crecimiento relativamente buenas y sostenidas, especialmente entre 1964 y 1974.

En 1976, se produjo un punto de inflexión en la historia del país, se comienza con el modelo rentístico-financiero (1976-2001), que significó no sólo un periodo de dictadura militar con la pérdida de varias futuras generaciones de líderes políticos o sociales, sino también el convencimiento de que era imprescindible modificar la estructura económica, ya que las alianzas populistas se asentaban sobre el aparato productivo industrial. Ello suponía también la reformulación del papel del Estado, que impulsaba ese tipo de desarrollo. Esta fue la tarea principal que realizó la dictadura militar inaugurando los 30 años de predominio de un modelo neoliberal en el país[8].

El nuevo modelo, respaldado por una escuela de pensamiento económico conocida como el enfoque monetarista, se ocupa de socavar las bases de la economía keynesiana. Se asume, así, que el Estado

---

7 ROFMAN, Alejandro, ROMERO, Luis, A, Argentina, Ministerio de Cultura y Educación de la Nación, *Sistema Socioeconómico y Estructura Regional en la Argentina,* 1998.

8 RAPOPORT, Mario; *Op. Cit.*

de Bienestar debe ceder paso a un Estado "subsidiario". Los países periféricos o dependientes aparecen como receptores no solamente de este nuevo bagaje teórico sino que se convierten en obligados tomadores de los fondos excedentes -los llamados "petrodólares"-, para lo cual también tienen que abandonar el modelo semi-proteccionista, pro-estatista y mercado-internista del proceso de sustitución de importaciones[9].

Los ejes principales de la política económica de Argentina, a partir de 1976, se sintetizan a continuación[10]:

1) Liberación del sistema de precios, eliminando los topes máximos a todos los bienes hasta entonces regulados, disminución de

los aranceles de importación, acorde con el criterio estratégico de impulsar la apertura externa y tender a igualar en el mediano plazo los precios internos con los externos. La supresión o reducción sensible de las retenciones a la exportación de bienes del sector primario, conjuntamente con todas las medidas desreguladoras previas.

2) Regulación estricta del mecanismo de fijación de las remuneraciones al trabajo, congelamiento de salarios y eliminación de las convenciones colectivas.

3)En 1977, se abandonó la política ya tradicional de estricto control por parte del Banco Central de la política financiera, orientándosela hacia una estrategia de intereses libres y de signo positivo con respecto a la tasa de inflación.

4) Definición de un estado "subsidiario" que se concretó con variadas disposiciones de muy diferente contenido y efecto: la eliminación de precios sostén para las cosechas de cereales, la paulatina apertura del mercado de cambio hasta su completa liberación en 1980, las modificaciones a las leyes de promoción de inversiones internas y externas, que ampliaron sustancialmente la libertad de acción de las empresas promocionadas y separaron al Estado de las funciones de contralor e intervención que le eran tradicionales. Al mismo tiempo, se produce el abandono de toda política de intervención en los mercados de los productos característicos de las regiones extrapampeanas y la interrupción de los programas de colonización

9 ROFMAN, Alejandro, ROMERO, Luis, A, *Op. Cit.*
10 Ibídem.

o reforma agraria. El impacto central de cada decisión supuso debilitar la capacidad negociadora o de inserción de los mayoritarios pequeños productores de dichas regiones en los respectivos mercados.

5) Finalmente, la política de estabilización de precios se instrumentó, básicamente, a través de una pauta crecientemente desacelerada del tipo de cambio hasta que, según las predicciones oficiales, se produjese una convergencia de precios entre los que rigen en el mercado interno y los que están vigentes en el mercado internacional. Esta pauta o "tablita cambiaria", era, además, el principal sostén de los especuladores financieros internacionales que traían sus excedentes de liquidez para invertir en colocaciones a plazo fijo, con rendimientos muy elevados y sustancialmente mayores que los vigentes a nivel internacional.

Esta política económica prosiguió hasta 1981, generando cada vez mayores reacciones de los sectores dañados, en especial debido a los serios retrocesos de la actividad industrial destinada al mercado interno y a la exportación[11].

El periodo 1981–1983 continuó con el proceso económico previo, pero con importantes ajustes debido a circunstancias internas y externas. Se sucedieron acontecimientos político-militares de significación. La Guerra de las Malvinas, impulsada por la dictadura militar, se imaginó como una forma de recuperar popularidad y asegurarse continuidad. La derrota del emprendimiento bélico fue la que impulsó la transición hacia la democracia[12].

A principio de 1983, tras la traumática moratoria de la deuda externa mexicana y la impresionante suba de las tasas de interés, se impone a los países dependientes y deudores el modelo de ajuste estructural, que en Argentina es sostenido por el gobierno radical (Alfonsin). Esta estrategia de ajuste cumple dos objetivos concurrentes: por una parte el compromiso puntual con la deuda, y por otro lado impulsar a insertar exitosamente a las economías de los países dependientes en el nuevo escenario económico internacional. La estrategia no era otra que las privatizaciones, la apertura comercial y financiera, la

11 Ibídem.
12 Ibídem.

desregulación y la estabilidad, tales acciones llevan a privilegiar el equilibrio fiscal como una condición necesaria del nuevo rol del estado[13].

El siguiente período democrático, asumido por Carlos Menem en 1989, tiene como objetivos manifiestos aceptar las reglas de juego que el proceso de globalización económica y los compromisos del endeudamiento externo imponen. El proyecto nacional apunta a mediano y corto plazo a ajustar la toma de decisiones y las estrategias económicas a los objetivos más salientes de los grupos económicos dominantes y de los acreedores externos. El Plan de Convertibilidad en marzo de 1991 apuntó básicamente a reestablecer la confianza de los centros financieros internacionales. Ello permitió asegurar la afluencia de recursos monetarios de origen externo que posibilitasen pagar en fecha y en niveles comprometidos, la deuda asumida con los acreedores internacionales. Al establecer un tipo de cambio fijo, por ley, y convertir la moneda argentina en un apéndice del dólar, se renunció explícitamente a todo atisbo de política monetaria y cambiaria autónoma. A diferencia del esquema de Ajuste Recesivo de la etapa anterior, el Plan impuso – y logro consenso externo – una variante novedosa: "el Ajuste Expansivo". Como el grueso de los impuestos que percibe el fisco, están constituidos por impuestos al consumo, fue preciso estimular la expansión de las ventas para obtener los ingresos tributarios necesarios a fin de asegurar la exiTencia de superávit presupuestario[14].

A la vez, el proceso de privatizaciones resultó ser el mejor mecanismo para congraciarse con el selecto conjunto de grupos económicos, que se fue diversificando en su faz productiva y ampliando su poder e influencia. Así, en muchos casos los compradores resultaron asociaciones entre los grandes grupos económicos locales, empresas internacionales vinculadas con la actividad y alguno de los principales bancos acreedores[15].

La apertura también resultó un mecanismo de rápida adaptación a los principios del Ajuste Estructural y se practicó sin miramientos, en forma acelerada, y con poca o nula defensa frente a competido-

13 Ibídem.
14 Ibídem.
15 Ibídem.

res internacionales que operaban en condiciones de dumping social o acentuadas franquicias impositivas o crediticias para alentar la exportación. El MERCOSUR se desarrolló en consonancia con estos principios generales de vinculación con el resto del mundo. Las importaciones subsidiadas por un tipo de cambio fijo sobrevaluado, crecieron espectacularmente frente a una expansión moderada de las exportaciones lo que provocó no solamente un nivel de desequilibrio en la Balanza Comercial cada vez mayor, sino un fenómeno de competencia ruinosa para muchas empresas instaladas en el país que tuvieron que cesar su actividad al no contar con ningún apoyo estatal protector[16].

El sistema financiero conoció una abundancia de recursos provenientes del exterior, en una primera etapa, en la que existió el principal aliciente para que ello pudiese efectivizarse: la elevada diferencia en la tasa pasiva de interés entre la vigente en los centros financieros mundiales (en baja) y los de la Argentina (mucho más alto). Ese ingreso de fondos especulativos, necesarios para financiar el creciente saldo negativo de la balanza de pagos en cuenta corriente, sirvió para alimentar el crédito al consumo y permitió la expansión productiva indispensable para obtener ingresos tributarios. El círculo, así, se cerraba, pero con un costo financiero que se tornaba insoportable para poder ser afrontado por las actividades productivas pequeñas y medianas[17].

A partir de fines de 1994, cuando se interrumpe el flujo de ingresos especulativos, dada el alza en las tasas de interés en Estados Unidos y la influencia del desmadre económico en México, un nuevo factor agravante se plantea. La extrema similitud del modelo económico argentino con el mexicano, ambos extremadamente dependientes de ingresos de fondos del exterior, implica que, ante la crisis en la economía del país del norte, se produzcan, en nuestro país, emigraciones de capitales hacia el exterior y corrida bancaria, con la consiguiente reducción drástica del nivel de los depósitos. Ello provoca un desmedido incremento de la tasa de interés interna, el cese del crédito tanto al consumo como a la producción y la caída numerosos bancos[18].

16 Ibídem.

17 Ibídem.

18 Ibídem.

Desde fines de 1994 los créditos bancarios debían abonar tasas de interés de diez a veinte veces, según los casos, el incremento de la tasa de inflación interna. La consecuencia de ello, fue la desaparición de decenas de miles de pequeñas y medianas unidades productivas en 1994 y 1995. El proceso de concentración económica cooperó en forma decidida en acentuar la mortandad de un segmento crecientemente importante de las pequeñas y medianas empresas, tal como lo anunciaran en forma insistente las asociaciones gremiales más representativas de este sector[19].

La combinación de todas estas decisiones de la estrategia económica dominante generó, desde su propio seno, resultados altamente costosos desde el punto de vista social. Las consecuencias aludidas se pueden resumir en tres procesos singulares de nuestra realidad contemporánea: el explosivo crecimiento del desempleo y el subempleo estructural, aún en medio de una expansión productiva en el periodo 1991-1994 , las tendencias cada vez más desalentadoras en las condiciones de vida de la población y una distribución del ingreso con un perfil de creciente regresividad. La regresividad en la distribución del ingreso, el aumento del número de habitantes bajo la línea de pobreza y el fuerte incremento de la expulsión de trabajadores de sus empleos estables signa el periodo de la Convertibilidad y se constituyen en las mejores evidencias de quienes ganaron y quienes perdieron durante su vigencia[20].

En el marco de esta crisis social, se acentúa el incremento de la polarización social, con dos polos que se distancian y un ancho segmento medio, que se resiente sensiblemente por su fuerte dependencia de un mercado interno en permanente disminución.

Este último sector es el que aporta la mayor parte de quienes se incorporan a la franja más desguarnecida de la sociedad, ubicándose en la progresivamente absoluta categoría de "nuevos pobres". En esos años el proceso de crecimiento de la producción fue muy selectivo y altamente heterogéneo en términos de sectores de actividad y localizaciones geográficas. Los rubros más favorecidos estuvieron encabezados por el sector automotor – que venia de una etapa dilatada de consumo reprimido -, los electrodomésticos – hasta mediados

19 Ibídem.

20 RAPOPORT, Mario; *Op. Cit.*

de 1994 -, alentados en sus compras por los consumidores a través de créditos disponibles, las agroindustrias para la exportación encabezada por el aceite de soja y el petróleo una de las principales "commodities" incorporadas al proceso exportador[21].

Es en este periodo que se produce la expansión agrícola, el desplazamiento de la frontera sojera y triguera – aunque en menor proporción – hacia el norte fue otra característica relevante del período. La producción de soja se expandió a ritmo muy acelerado y ganó nuevos ámbitos para instalarse, de mano de los medianos y grandes productores que sustituyeron otros cultivos o agregaron nuevas áreas para la explotación – en muchos casos desmontando zonas hasta el momento inexploradas- o alternando con otros cultivos estacionales. También en este caso, la capacidad exportadora del grano, que es apto tanto para aceite como para alimento balanceado, se incrementó, favoreciendo a un segmento minoritario de agricultores plenamente capitalistas.

El gobierno de De la Rúa, (ALIANZA) siguió las recetas ortodoxas del FMI, bajando sueldos y jubilaciones, aumentando impuestos a sectores medios, proclamando el déficit cero pero pagando los intereses de la deuda y realizando un ruinoso megacanje de títulos públicos que incrementó notablemente el endeudamiento futuro. Todo ello tuvo su desemboque a fines del año 2001, cuando el sistema bancario y financiero basado en la convertibilidad, que tenía por fundamento la presunta dolarización de los depósitos bancarios a través de un tipo de cambio artificial no se sostuvo provocando el colapso del sistema bancario, el "corralito", es decir la bancarización forzosa que impidió al público retirar sus ahorros y llevó al fin de la convertibilidad y del tipo de cambio fijo[22].

Entre los años 2003-2007 el PBI creció en forma notable, casi un 9% anual. Por otra parte, se terminó el default, con el canje de la deuda, que fue aceptada por más del 70% de deudores, y se pagó el total de la deuda pendiente con el FMI (cerca de 10 mil millones de dólares), aunque el nivel de endeudamiento que queda, a plazos más largos e intereses más bajos, es aún considerable: 125 mil millones de dólares (al 2006). Los balances favorables del comercio

21 Ibídem.
22 Ibídem.

exterior, basados en un alza de los precios de los productos exportables, como la soja; en la mejora producida por la devaluación y en una mayor demanda internacional, junto a un decrecimiento de las importaciones no esenciales, han permitido aumentar las reservas internacionales[23].

> En gran medida, las altas tasas de crecimiento económico y el superavit fiscal se deben a la recuperación de la industria, post-devaluación, así como a la expansión vertiginosa del modelo extractivo-exportador y la consolidación de un nuevo modelo agrario[24].

Svampa (2008) sostiene que pese a los buenos índices macroeconómicos, el crecimiento fue muy desigual. Las brechas económicas y sociales abiertas en los noventa, y reforzadas luego de la salida de la convertibilidad entre el peso y el dólar, se consolidaron. La brecha entre la población situada en el decil de mayor y el de menor ingreso, ha aumentado y el monto total es 27 veces mayor en el primero. En este marco de salida de la crisis, con éxito económico, pero con incremento de las desigualdades, se operaría un fuerte corrimiento de las fronteras del conflicto social: así, entre 2003 y 2008 asistimos, por un lado, a una reconfiguración de las organizaciones de desocupados y una reemergencia del conflicto sindical; por otro, al compás de la explosión de los conflictos socioambientales, irían cobrando mayor importancia y visibilidad tanto las antiguas como las nuevas formas de lucha por la tierra y el territorio[25].

A comienzos del 2008, el tipo de cambio en Argentina estaba y todavía está sobrevaluado, sostenido por el Banco Central que adquiere día a día, el excedente de divisas y así impide que el mismo baje. Las retenciones aplicadas a los sectores agropecuario y petrolero, sirven para aislar y proteger un menor nivel en la evolución de los precios internos con respecto a los externos, evitando que la mayor cotización y la suba de aquellos afecten al del costo de vida que afronta la población[26].

---

23 Ibídem.

24 SVAMPA, Maristella. *Argentina una cartografía de las resistencias (2003-2008) Entre las luchas por la inclusión y las discusiones sobre el modelo de desarrollo.* OSAL año IX, Nº 24 octubre 2008, p. 19

25 Ibídem.

26 REBER, Salvador. *El forzado retroceso de marzo*. Comercio y Justicia, 11/04/2008

Por otra parte, están presentes las condiciones económicas internacionales donde se destaca Estados Unidos, con problemas financieros manifiestos y la inflación mundial que deja de declinar para comenzar a ascender. El ingreso a los mercados de productos alimenticios de países emergentes como China, India y la ex Unión Soviética, con desmedido crecimiento económico que permite que sus habitantes cambien sus hábitos alimenticios, aumenten el consumo y eso impacte en el precio de los productos primarios.

Se suma a ello, la utilización de granos y otros productos agrícolas para la producción de los agro-combustibles, que produce, aumento de la demanda de soja, maíz y otros vegetales adecuados para eso, acompañado del aumento de los precios internacionales de los alimentos, atentando contra la seguridad y la soberanía alimentaria de la mayoría de los países en desarrollo.

Desarrollo sustentable

Nuestra forma de vida actual está perjudicando el bienestar futuro de nuestros hijos y de las siguientes generaciones. Desde una perspectiva global, es notable que los habitantes de las sociedades ricas consumen buena parte de los recursos mundiales y están hipotecando la seguridad futura de la mayoría de la población de los países pobres. Parte de los problemas ambientales podrían resolverse con un modo de vida más ecocéntrico, con una cultura sostenible, que no aumentara el déficit ambiental.

Una cultura ecológicamente sostenible es un modo de vida que cubre las necesidades de las generaciones actuales sin poner en peligro el legado ecológico de las generaciones futuras. Este concepto de desarrollo sostenible fue popularizado a través del informe de la denominada Comisión Brundtland, de Medio Ambiente de Naciones Unidas de 1987.

En términos ecológicos se deben tener presentes algunas premisas. El presente está unido al futuro, nuestras decisiones en el corto plazo tienen consecuencias a largo plazo sobre el medio ambiente. Todas las formas de vida son interdependientes, ignorarlo nos conducirá a dañar nuestro propio futuro. Necesidad de cooperación global, de países pobres con países ricos, del norte con el sur.

Las definiciones más difundidas de "desarrollo sustentable" son de dos tipos[27]:

1. Las de carácter intergeneracional, oficializadas por el Informe Brundland, que se refieren a aquel tipo de desarrollo que permite satisfacer las necesidades de la generación actual sin comprometer la capacidad de las generaciones futuras para satisfacer las suyas.

2. Las que incorporan componentes intrageneracionales, como en el caso de PNUMA[28] y CEPAL[29], que aluden a aquel desarrollo que combina la sustentabilidad ecológica, con la eficiencia productiva y con la equidad social.

De todas maneras, cualquiera de las definiciones en uso consiste en el compromiso o "transacción" entre objetivos conflictivos. Esta conflictividad se refiere, por lo general, a tres áreas: lo ecológico, lo económico y lo social. Al respecto, la dificultad no está en el enunciado mismo de las definiciones sino en su falta de precisión.

La mayoría de las definiciones tienen ciertos elementos en común: 1) en primer lugar está la preocupación por satisfacer las necesidades humanas para mejorar el bienestar de toda la población, 2) en segundo lugar debe considerarse el énfasis en la equidad intergeneracional del desarrollo. En este sentido, la sostenibilidad de cualquier sociedad puede definirse como el patrón de comportamiento que asegura a cada una de las generaciones futuras la opción de disfrutar, al menos, del mismo nivel de bienestar de sus antecesores; 3) en tercer término, el nexo entre el nivel de desarrollo actual y la capacidad de satisfacer las necesidades futuras coincide con la magnitud y composición de recursos[30] que deja cada generación para las generaciones siguientes[31].

---

27 NATENZON, Claudia E., TITO, Gustavo, Buenos Aires, Dirección de Desarrollo Agropecuario, Ministerio de Economía Secretaría de Agricultura, Ganadería, Pesca y Alimentación. PROINDER. *Serie documentos de capacitación, Medio Ambiente y pequeños Productores, Conceptos básicos y operativos.*, 2001

28 Programa de las Naciones Unidas para el medio ambiente

29 Comisión Económica para América Latina y el Caribe

30 Los recursos incluyen: capital físico, capital humano y conocimiento, recursos naturales renovables y no renovables, servicios ambientales, tradiciones e instituciones.

31 TRIGO, Eduardo J., KAIMOWITZ, David, *Economía y sostenibilidad: ¿Pueden compartir el planeta?,* IICA, San José, 1994,

De un lado, están las definiciones económicas, débiles o de amplia sustituibilidad de naturaleza por capital. Son nociones donde los límites al desarrollo provienen sobre todo de la economía. Del otro lado, figuran las definiciones ecológicas, fuertes o de sustituibilidad restringida de naturaleza por capital. Se trata de definiciones en las que los límites al desarrollo surgen principalmente de la ecología.

Las definiciones usuales nunca son puramente "economicistas" o puramente "ecologicistas y la necesidad de construir análisis y propuestas tendientes a satisfacer diferentes objetivos, explica los diversos abordajes de la problemática ambiental del sector agropecuario.

Relacionar el todo con las partes en un mundo que presenta grandes desigualdades, implica comenzar a comprender que:

> Sólo cuando el sistema mundial progrese como tal sistema, podremos hablar de un desarrollo verdaderamente sostenible, y que lo que ahora tenemos es tan sólo un gran conjunto desequilibrado en el que la supuesta sostenibilidad de algunas de sus partes (el mundo rico) está basada en la insostenibilidad del resto del sistema (poblaciones pobres, sus hábitat y bienes naturales)[32].

En el terreno de los valores se juegan las bases del desarrollo sostenible: en la elección de nuestras prioridades, en el valor que otorgamos a lo material y lo inmaterial al momento de operar sobre la realidad.

> Una sociedad sostenible sería aquélla en que la ética triunfara sobre la economía, que aceptara que los lineamientos del desarrollo se fundamentan en el plano axiológico y que la planificación y gestión del uso de los bienes naturales y sociales se basan en principios éticos[33].

> Un sistema local cuya vida económica o cuyo desenvolvimientoecológico esté limitado a un solo recurso (ej. El monocultivo) será siempre mucho más vulnerable y dependiente que aquel

32 NOVO, María. El desarrollo local en la sociedad global: hacia un modelo global sistémico y sostenible. Una visión social y educativa, Coord Mª Ángeles Menoyo, Pearson Educación SA, Madrid, España, 2006, Cap 1 en Desarrollo Local y Agenda 21, Pág. 24

33 Ibídem, Pág. 25

otro que haya basado su funcionamiento en un amplio abanico de recursos y diversidad de actividades[34].

La diversidad ecológica, cultural y socioeconómica se refleja en las diversas estrategias de sobrevivencia empleadas por los pobres rurales. Para acomodar esta heterogeneidad, cualquier enfoque al desarrollo rural en Latinoamérica necesita integrar estrategias tecnológicas y organizaciones flexibles para satisfacer la necesidad de los pobres en áreas rurales. (...) Los campesinos sufren de marginalización económica, política, cultural y ecológica. Las políticas, precios y servicios agrícolas gubernamentales, favorecen a los productores grandes. Los intereses campesinos no están adecuadamente representados en el proceso político. Las barreras lingüísticas y étnicas impiden el acceso de la población indígena al sistema social, que es dominado por la cultura mestiza. Los pequeños agricultores han sido conducidos gradualmente a tierras frágiles con grandes limitaciones para la producción agrícola...[35].

El desarrollo y la agriculturización

La asimilación entre *crecimiento y desarrollo* presenta claras limitaciones desde el punto de vista social, territorial o ecológico; desde la política, la cultura e identidad, la sostenibilidad y la equidad entre las personas36.

Frente a un concepto de desarrollo economicista se propugna un modelo de desarrollo construido a partir de la participación de la población y que tenga por objetivo la satisfacción de las necesidades humanas de forma equitativa. También debe considerar las necesidades del resto del mundo vivo y debe ser sostenible en el plano ecológico[37].

“Es imprescindible caminar hacia la implementación de un modelo de desarrollo que considere los límites de la tierra como sistema...”

34 Ibídem, Pág. 7

35 ALTIERI, Miguel, Agroecologia. Bases científicas para una agricultura sustentable, Editorial Nordan-Comunidad Montevideo, Uruguay 1999. Pag. 35

36 HERRERO, Sagrario, Reflexiones y propuestas para un desarrollo local equitativo y sostenible, Una visión social y educativa. Coord. Mª Ángeles Menoyo, Pearson Educación SA, Madrid, España, 2006, Cap 11 en Desarrollo Local y Agenda 21, Página 317.

37 Ibídem, Pág. 318.

> Como contrapartida a la satisfacción de las necesidades individuales y a resultados económicos medidos en forma cuantitativa y que no contabiliza los servicios ecosistémicos o los costos de una explotación irracional (...) Se trata de promover un desarrollo sano, menos dependiente y más participativo, con contenidos éticos. Capaz de crear condiciones para armonizar la calidad de vida, la solidaridad social y el protagonismo de todas las personas[38].

La "Agriculturización" se caracteriza cualitativamente como cambios en el uso de la tierra agrícola para aumentar la producción de cultivos destinados a exportación -asociados a tecnologías de insumos y procesos, y a la concentración de los recursos productivos- que llevan a una mayor degradación y contaminación del ambiente, a una disminución de la calidad de vida de la población, y a la exclusión social de pequeños productores[39].

Respecto a este proceso se realizó un taller de expertos[40] en Argentina, en el que se analizaron aspectos vinculados con las prácticas agrícolas en la región pampeana, se llegó a la identificación de síntomas de (in)sostenibilidad y sus interrelaciones y a la formulación de un diagrama causal que, de repetirse en otras regiones, constituiría un síndrome de (in)sostenibilidad del desarrollo de la agriculturización. Según la propuesta de síndrome del citado taller, la concentración productiva y gerencial es un síntoma central que lleva al uso de nuevas tecnologías (de insumos y procesos) y a la intensificación de las actividades agrícola y ganadera. Estos cambios en la esfera la esfera tecnológico-productiva tienen impactos sobre los servios ambientales y la esfera socio-poblacional[41].

38 Ibídem, Pág. 320 y 344

39 RABINOVICH, Jorge E., TORRES, Filemón, Santiago de Chile, División de Desarrollo Sostenible y Asentamientos Humanos, SERIE seminarios y conferencias 38, 16 y 17 de septiembre de 2002, *Caracterización de los Síndromes de sostenibilidad del desarrollo, El caso de Argentina, Taller Síndromes de sostenibilidad del desarrollo en América Latina*, julio de 2004.

40 Taller titulado "Explorando las Consecuencias de la Intervención del Hombre en los Agroecosistemas Pampeanos", Buenos Aires, 27 de Mayo de 2005.

41 MANUEL-NAVARRETE, David, Santiago de Chile, División de Desarrollo Sostenible y Asentamientos Humanos. Medio ambiente y desarrollo, 118, *Análisis sistémico de la agriculturización en la pampa húmeda argentina y sus consecuencias en regiones extrapampeanas: sostenibilidad, brechas de conocimiento e integración de política*, 2005.

A partir del análisis sindromático, se identifican tres grandes áreas de investigación sobre las que existen numerosas incertidumbres y que son fundamentales para una mejor caracterización de la sostenibilidad del proceso de agriculturización. Estas áreas se centran en los servicios ambientales, los impactos socio-culturales, y el sistema pampeano en su conjunto[42].

Según Rabinovich y otros colaboradores, el síndrome de "Agriculturización" se origina al no internalizarse la depreciación del capital natural a la economía agrícola, tanto en el cálculo de los beneficios particulares como de los costos sociales de las "externalidades". También se percibe en las relaciones causales que son determinantes entre la búsqueda de una mayor producción, que ocasiona mayor degradación ambiental, y la concentración productiva que generalmente la acompaña. Estos *trade-offs*[43] aparecen cada vez más influenciados por los mercados globales y por el peso de la deuda. En la región pampeana de Argentina, los estudios de este síndrome permiten afirmar que no se ha llegado aun a situaciones irreversibles (puntos de no retorno), y que las mismas estarían aun lejanas.

El síndrome de agriculturización es presentado en el informe del taller de expertos a través de síntomas, que a su vez tienen efectos y consecuencias.

Los síntomas que se consideraron son: la concentración productiva y gerencial y la adopción de tecnología de insumos y procesos, que se esquematizan a continuación.

42 Ibídem.

43 Los *trade-offs* son el resultado de intereses, acciones e ideas entre diferentes actores o usuarios, y entre diferentes escalas geográficas y sociales. Se producen entre diferentes intereses y prioridades, particularmente entre el desarrollo económico, bienestar social y las metas de conservación. (costo de oportunidad).

1. La concentración productiva y gerencial

Promueve	Consecuencias ambientales y sociales
La adopción de tecnologías de insumos (maquinaria, fertilizantes, pesticidas, etc.) y de procesos (formas de gestión y manejo con un componente considerable de información y conocimiento incorporado)	La expansión del monocultivo de soja genéticamente modificada provoca alteración de hábitats, alteración de biodiversidad, resistencia a fitosanitarios, alteración de los ciclos de nutrientes, alteraciones de las propiedades físico-químicas del suelo, y contaminación de aguas superficiales y subterráneas con nutrientes y biocidas.
Que los propietarios de la tierra dejan de ser los productores. La propiedad de la tierra deja de ser el elemento organizativo central de la producción.	Se observa que los arrendatarios tienden a priorizar el monocultivo de soja mientras que las rotaciones con maíz son más frecuentes en los campos trabajados por el propietario.
La sustitución de sistemas de producción mixtos (agrícola-ganaderos) por sistemas exclusivamente agrícolas y a la vez un proceso de concentración e intensificación de la producción ganadera en otras áreas.	Favorece la sobrecarga ganadera de los sistemas pastoriles del contorno. También se habilitan para la agricultura nuevas tierras mediante talas o "desmontes", "defaunación" y, eventualmente, a la degradación de distintos servicios ecosistémicos.
La polarización de la estructura social agraria a partir del desplazamiento del estrato de productores medianos y pequeños, base de la clase media rural.	Implica desplazamiento del campo a las ciudades donde se localizan los sectores de poder económico y a los sistemas de comercialización (supermercados y cadenas agroindustriales).

Fuente: elaboración propia en base a las conclusiones del Taller experto de CEPAL

Concentración gerencial

En Argentina, vinculado directamente al proceso de agriculturización, junto a la expansión de estas grandes explotaciones y el predominio del capital financiero, surgen y se expanden en la región pampeana una nueva forma de organización de la producción: los pools de siembra.

Esta novedosa modalidad se construye a través de sociedades anónimas que operan grandes explotaciones no propietarias de tierra bajo la forma de fondos de inversión o grupos de siembra. Refiriéndonos a los primeros decimos que se trata de una figura jurídica específica que adopta una gran envergadura; en cambio los segundos pertenecen a agrupaciones más circunstanciales, organizadas por convenios privados, que negocian grandes volúmenes de producción avaladas por contratos eventuales[44].

Según Giberti[45], en 1997 existían setenta y nueve empresas pampeanas que respondían a este modelo manejando unas 600 mil has, de las cuales 200 mil correspondían a fondos de inversión. Son explotaciones que buscan maximizar la rentabilidad a corto plazo debido al aumento de la presión impositiva sobre la tierra, que produjo que su mera posesión dejara de significar una manera de resguardar riqueza a salvo de la inflación.

Paralelamente, se acentúa la presencia de los megaproductores (Soros, Benetton, Grobocopatel). Estos introducen fuertes innovaciones en aspectos tecnológicos críticos de las producciones que realizan, como así también en la organización económica de las actividades[46].

La expansión de emprendimientos formados por estos grupos de inversores, operados y administrados por consultoras privadas, tienen como política tomar tierras de terceros en gran escala de producción. Claramente esa línea de acción, va en desmedro de

---

44 TEUBAL, Miguel, RODRÍGUEZ, Javier, *Agro y Alimentos en la Globalización*, Editorial La Colmena, Buenos Aires, 2002.

45 GIBERTI, Horacio, "Sector Agropecuario. Oscuro panorama. ¿Y el futuro?", *Revista de Ciencias Sociales Realidad Económica,* N° 177, Buenos. Aires, 2001.

46 LATTUADA, Mario, NEIMAN, Guillermo, *El Campo Argentino: crecimiento con exclusión*, Editorial Capital Intelectual, Buenos. Aires, 2005.

la empresa familiar con el consecuente deterioro de numerosas economías regionales[47]

2. La adopción de tecnologías de insumos y procesos

Promueve	**Consecuencias ambientales y sociales**
Intensificación agrícola, incorporación de maquinaria, elección de fechas de siembra, y otras prácticas de manejo.	Afecta el contenido de materia orgánica del suelo, registrándose caídas cercanas al 60 % en la mayoría de los suelos arables, como también la flora y fauna de los pastizales.
Siembra directa	Mayor percolación hacia los acuíferos, fuerte disminución del empleo agrario.
Aplicación masiva de agroquímicos	Efectos negativos evidentes sobre la fauna de granívoros o roedores asociados a la vegetación y sobre los seres humanos
Aumento de la superficie agrícola, con incorporación de tierras consideradas improductivas	La conversión de ecosistemas forestales a cultivos disminuye en forma significativa la fijación de carbono atmosférico.

Fuente: elaboración propia en base a las conclusiones del Taller experto de CEPAL

Organismos genéticamente modificados (OGM)[48]

La biotecnología es tan antigua como la humanidad y el primer ejemplo que lo demuestra es el trigo, cultivo que surgió de un cruzamiento artificial de dos especies distintas.

Cuando el hombre comenzó a conformar sociedades sustentadas en la agricultura, empezó por la domesticación de las plantas. De esta manera, mediante la incorporación de cruzamientos entre distintos cultivares se fueron obteniendo una serie de metodologías de mejoramiento algunas de las cuales se utilizan aún en la actualidad.

Volviendo a nuestro caso emblema, decimos que el trigo que nos alimenta hoy, tiene varios segmentos cromosómicos provenientes

47 GIBERTI, Horacio, *Op. Cit.*.

48 Extracto adaptado Revista Marca Líquida Marzo 2003. Fuente: 1º Congreso CREA Zona Córdoba Norte

de otras especies. Por lo mismo, se lo puede considerar una especie transgénica, ya que este concepto significa que lleva incorporado un gen procedente de otra especie. A través de estas adaptaciones, tanto el trigo como otros cultivos (arroz, maíz, etc.) han ido desarrollándose en función del hombre.

La aplicación de distintos métodos de transformación genética (desde los cruzamientos básicos y rudimentarios en la antigüedad hasta las modernas técnicas de ingeniería genética) ha perseguido siempre la supervivencia de una determinada especie por sobre otras, con el fin último de asegurar la alimentación al ser humano, por lo menos hasta que surgen los agrocombustibles.

Una de las técnicas más utilizadas es aquella que emplea la especie Agrobacterium Tumefaciens. Se trata de una bacteria que provoca una lesión tumorosa conocida como "agalla de la corona" que se ubica entre la raíz y el tallo de la planta. Este organismo es capaz de transferir un micro cromosoma, llamado T-DNA, a la célula vegetal de la planta, para luego formar parte del ADN de la misma. Como consecuencia de ello se introduce una secuencia genómica novedosa en el vegetal seleccionado. El T-DNA se expresa en la célula vegetal infectada y entre otras cosas, produce comida que sólo consumirá esa bacteria.

Este mecanismo de ingeniería genética natural fue aprovechado por el hombre para realizar transformaciones genéticas, a través del reemplazo de los oncogenes, por otros genes de interés agronómicos. En los últimos años apareció el maíz Bt resistente al barrenador del tallo, que logró disminuir la susceptibilidad al vuelco de las plantas, reduciendo así el riesgo de cosecha. En este caso los investigadores usaron las protoxinas de las bacterias Bacillus Thuringiensis, que actúa como un insecticida natural del barrenador del tallo. Como principal ventaja se destaca la disminución en la utilización de pesticidas.

Casi en simultáneo, se introdujo en el mercado la soja trasngénica tolerante al glifosato. Este compuesto químico actúa específicamente sobre una enzima que es esencial para que las plantas vivan. Al inactivarla, provoca su muerte. La soja RR tiene incorporada una enzima que no es susceptible a ser inactivada por el herbicida. Esta enzima proviene de un virus y tiene un promotor que le sirve para expresarse tanto en la raíz como en la hoja de la planta.

También hicieron su presentación nuevos productos orientados directamente a los consumidores, tales como alimentos con un elevado componente de vitamina E (antioxidante). Otra línea de trabajo son los denominados nutracéuticos, productos nutritivos a los cuales se incorporan sustancias con propiedades medicinales.

El riesgo para la salud humana del uso de transgénicos no ha sido suficientemente investigado, ya que es necesario observar varias generaciones para hacerlo. Lo importante es clarificar los objetivos que se tienen al pensar en el empleo de material genético, la correcta manipulación del mismo, y fundamentalmente proveer de información precisa y adecuada a quienes van a consumir alimentos con algún tipo de modificación en su genoma.

Siembra directa

La siembra directa y la labranza reducida parecen jugar un papel decisivo en la definición de algunos indicadores, tales como: una mayor eficiencia de uso de la energía fósil, un menor riesgo de erosión del suelo, una reducción en la pérdida de carbono en los suelos, y una caída en la emisión de gases invernadero.

El aporte de la siembra directa al desarrollo de una tecnología de procesos es innegable, aunque también parece presentar "efectos secundarios" I) en lo físico tiende a densificar la capa arable, II) en lo químico produce una estratificación horizontal de los nutrientes, concentrando la materia orgánica, el nitrógeno total y el fósforo en los primeros cinco centímetros de suelo, afectando la productividad de los cultivos; III) disminuye hasta 45 kg la disponibilidad de nitrógeno asimilable en cultivos primavero-estivales, requiriendo mayores niveles de fertilización; IV) se ha observado un aumento en las poblaciones de insectos de suelo y de sus daños, aumentando el uso de insecticidas - como el de gusanos blancos en cultivos de trigo y maíz, y de orugas cortadoras en trigo, maíz y girasol (pero reduce el del barrenador de maíz y barrenador del brote en soja de segunda); V) aumenta la severidad de manchas foliares en monocultivos de trigo con respecto a sistemas con remoción de suelos (de 2-6%

a 28%, diferencia que desapareció en rotación); y VI) favorece el aumento de poblaciones de malezas perennes[49].

Según Paruelo[50] para evaluar las consecuencias de los cambios en el uso de la tierra en la dimensión ambiental, es muy útil el concepto de Servicios de los ecosistemas. Los ecosistemas proveen servicios y bienes. Los servicios ecosistémicos no poseen valor de mercado y en general son de apropiación colectiva, en cambio, los bienes poseen valor de mercado y son de apropiación privada.

Las actividades humanas transforman la estructura del ecosistema y como consecuencia se modifica su funcionamiento y altera su capacidad de producir servicios y bienes. En general, las modificaciones en el uso de la tierra aumentan la producción de bienes con alto valor de mercado y disminuyen la producción de bienes y servicios sin valor de mercado.

Los servicios ecosistémicos son indispensables para el mantenimiento de la vida en el planeta y su disminución afectan particularmente a los seres humanos, y en mayor medida a algunos grupos que poseen economías de subsistencia.

> Los servicios ambientales son los enormes beneficios que obtiene el ser humano como resultado de las funciones de los ecosistemas, tales como el mantenimiento de la composición gaseosa de la atmósfera; el control del clima; el control del ciclo hidrológico, que provee el agua dulce; la eliminación de desechos y reciclaje de nutrientes; la generación y preservación de suelos y el mantenimiento de su fertilidad; el control de organismos nocivos que atacan a los cultivos y transmiten enfermedades humanas; la polinización; y el mantenimiento de un enorme acervo genético del cual la humanidad ya ha sacado elementos que forman la base de su desarrollo, tales como cultivos, animales domésticos, medicinas y productos industriales[51].

49 SATORRE, Emilio , Siembra directa. Impacto de la Siembra Directa sobre las propiedades físicas y químicas de los suelos. AACREA, 1998.

50 PARUELO, J. M., GUERSCHMAN, J.P, PIÑEIRO, G., JOBBÁGY, G, VERÓN, S.R., BALDI, G., BAEZA, S., *Cambios en el uso de la tierra en argentina y uruguay: marcos conceptuales para su análisis*. Agrociencia., Argentina, 2006, Vol. X N° 2, Pág. 47-61

51 PENGUE, Walter A., *Agricultura industrial y transnacionalización en América latina. ¿La transgénesis de un continente?* Serie Textos Básicos para la Formación Ambiental Programa de las Naciones Unidas para el Medio Ambiente, Red de Formación Ambiental para América Latina y el Caribe, México, 2005. Pág. 28

> Los servicios ambientales se están «mercantilizando». Este origen ha llevado a muchas organizaciones y comunidades a caer en esta nueva trampa de mercado. Otras lo han visto como fuente de recursos. Estas últimas, muchas veces asociadas con las transnacionales más contaminantes, como las petroleras y las de automóviles, que desde los inicios de esta nueva modalidad de comercializar la biodiversidad vislumbraron la oportunidad de justificar la contaminación haciendo al mismo tiempo un jugoso negocio[52].

La asignación de un precio a los servicios y bienes sin valor de mercado, es posible desde el punto de vista técnico (hay experiencias al respecto), pero depende de cuestiones ideológicas y de los intereses particulares y colectivos involucrados.

La expansión de la soja transgénica en argentina

Si bien la soja se conoce en Argentina desde hace mucho tiempo, la notable expansión de la misma en el país, que en realidad forma parte de un desarrollo más amplio de la agricultura, se vincula principalmente al acceso de productores y empresas a tecnologías de procesos y de productos durante los '90. Esto último incluye la genética, las transformaciones innovadoras en los sistemas de labranza (la consolidación de la siembra directa como paradigma de esta nueva realidad), los avances en los tratamientos fitosanitarios y el uso de fertilizantes, además del acceso a información de los mercados y la valoración de un eficiente manejo gerencial y técnico de las unidades de producción[53].

La base de esta expansión podemos encontrarla en el año 1996, momento en el cual la soja transgénica (resistente al herbicida glifosato, principio químico desarrollado y comercializado por la empresa Monsanto) fue liberada para su utilización comercial en nuestro país. La difusión de esta semilla aceleró el avance del cultivo oleaginoso por sobre otras especies vegetales, aumentando así su superficie sembrada hasta llegar en 2004 a las 14.5 millones de hectáreas. Además de las razones económicas (por caso la tendencia favorable en los precios internacionales en comparación con los cereales), el

---

52 Ibídem

53 LATTUADA, Mario, NEIMAN, Guillermo, *Op. Cit.*

importante auge de la soja transgénica se explica por la simplificación del manejo técnico del cultivo[54].

A su vez, este proceso sin duda se vio apuntalado desde el inicio por la incorporación masiva de la siembra directa, presentada como una tecnología capaz de detener e incluso revertir, a partir de su implementación prolongada, la degradación de los suelos producida por efecto de la agricultura intensiva.

Esta técnica consiste fundamentalmente en una reducción en el número de tareas necesarias para el desarrollo de un determinado cultivo. La siembra de la simiente se lleva a cabo sobre un suelo al que no se le ha realizado ninguna tarea previa de preparación. Por lo mismo se deduce la existencia de un importante ahorro en el tiempo del proceso de producción, en comparación con los sistemas de agricultura convencional[55].

La superficie agrícola bajo siembra directa en Argentina aumentó de unas 3000 hectáreas hacia fines de los años '80 a algo más de 7 millones en el 2003. Bajo esta cifra se encuentra la soja ocupando un 50 % del área en cuestión[56].

Asociado a este nuevo sistema productivo, se incorporan masivamente el método de control químico, desplazando al "antiguo o en desuso" sistema de control mecánico. Esto provocó una reducción adicional de trabajadores a través de una menor demanda en los requerimientos de mano de obra[57].

Sumado a todo, se agrega el hecho que los productores argentinos no están obligados a pagar derechos de uso de tecnología a Monsanto (particularmente los cultivos manipulados genéticamente que dan por resultado semillas transgénicas).

El uso de productos químicos en la agricultura

La Terapéutica Vegetal es la disciplina que se ocupa del mantenimiento o restablecimiento del buen estado sanitario de los culti-

---

54 TEUBAL, Miguel, RODRÍGUEZ, Javier, *Op. Cit.*.

55 SATORRE, Emilio, *Op. Cit.*.

56 LATTUADA, Mario, NEIMAN, Guillermo, *Op. Cit.*.

57 RECA, Lucio, PARELLADA, Gabriel, *El Sector Agropecuario Argentino*, Editorial Facultad de Agronomía, Buenos Aires, 2001.

vos. Abarca la selección, aplicación y combinación de los métodos de control más precisos para cada caso particular, minimizando los efectos sobre el ambiente[58].

Diferentes técnicas, entre las que se incluye la eliminación manual, el uso del fuego, sustancias como el azufre y las sales de cobre han sido y son utilizadas para tal fin.

En los inicios del siglo pasado se recurría con frecuencia a este tipo de herramientas, creyendo por ese entonces, que con eso bastaba para un total control de las plagas[59].

Los primeros en aparecer fueron los DDT y el resto de los organoclorados, quienes tuvieron gran aceptación por su eficiencia. Las prestaciones que el DDT ofreció al mundo se cuantifican en las millones de vidas que se salvaron de la malaria, la fiebre amarilla, la encefalitis, etc. En la India este producto se sigue utilizando en grandes cantidades. El problema comenzó cuando su uso se hizo indiscriminado. A partir de ese momento, se produjo una auténtica devastación de la fauna silvestre. Posteriores investigaciones lo encontraron asociado con enfermedades, como el cáncer, y de permanecer mucho tiempo en el ambiente[60].

Con el tiempo aparecerían los fosforados, clorofenóxicos, carbamatos y otros. El empleo de estos agroquímicos afectó fuertemente el equilibrio ecológico, debido principalmente al altísimo número de aplicaciones preventivas y prefijadas.

La continua aplicación forzó la llegada de una situación mucho más crítica, como la resurgencia de plagas secundarias, efectos diversos sobre organismos benéficos, residuos indeseables e incluso riesgos directos para aquellos que manipulan productos, así como habitantes de poblaciones rurales y consumidores[61].

---

58 NOVO, Ricardo, CAVALLO, Alicia, *Protección Vegetal*. Editorial Triunfar, Córdoba, 2001,.
59 ARAUZ, Cavallini, Felipe, *Fitopatología: un enfoque agroecológico*, Editorial de la Universidad de Costa Rica, San José, 1998.
60 COMISIÓN AMBIENTAL DE AMÉRICA DEL NORTE, "América del Norte ya no usa DDT", 2003, [En línea], Dirección URL: www.cec.org.
61 GRECO, Nancy, *Temario de asignatura, Cátedra de Control Biológico*, Facultad de Ciencia Naturales Universidad Nacional de La Plata (UNLP), 2006

El problema hoy en día es, que los plaguicidas se han transformado en el medio por excelencia para el control. Esto conduce con el correr de los años, a la modificación del ecosistema, generando consecuencias negativas y degradando el medio ambiente[62].

En el plano de la investigación, por mucho tiempo se puso énfasis en la síntesis de nuevas moléculas y a la producción de variedades resistentes a plagas, restándole protagonismo a los estudios de biología y comportamiento, de dinámica poblacional de plagas y enemigos naturales, y de los métodos que no involucran el manejo de plaguicidas[63].

No obstante, vale recalcar que el adecuado uso de agroquímicos constituye un eslabón muy importante dentro del control integrado. Su efecto como solución inmediata a un problema determinado es indiscutible pero no por ello debemos desconocer la peligrosidad de su empleo indiscriminado[64].

El manejo responsable que se trata de impulsar desde algunos sectores identificados con la conservación del ecosistema, se fundamenta en conocimientos y principios biológicos que promueven la integración de numerosas técnicas compatibles entre sí, para mantener la plaga bajo niveles tolerables, sin que lleguen a causar un daño económico para la producción[65].

Desafortunadamente, los recursos del moderno proceso de agriculturización, la incorporación a los sistemas agropecuarios de plantas genéticamente homogéneas (que ofrecen mayor potencial de rendimiento pero a la vez más susceptibilidad a patógenos) en continuo monocultivo, la fertilización en concentraciones inadecuadas, la labranza reducida y otros factores, derivaron finalmente en un control de plagas altamente dependiente de los plaguicidas[66].

---

62 LUJÁN, José Luis, *La calidad es nuestra, la intoxicación de usted.* El Colegio de Michoacán, Colección Investigaciones, México, 2005.

63 NOVO, Ricardo, CAVALLO, Alicia, *Op. Cit.*

ORGANIZACION Mundial de la Salud (OMS), "Prevención para la salud de los riesgos derivados del uso de plaguicidas para la agricultura", *Boletín Salud Ambiental*, 2004

65 LEGUIZAMÓN, Eduardo, "Manejo Integrado de Plagas: situación actual y perspectivas", *Revista Agromensajes*, Cátedra de Malezas, Facultad de Ciencias Agrarias, UNR, 2005.

66 FARRERA, René, "Acerca de los plaguicidas y su uso en la agricultura", Revista Digital del Centro de Investigaciones Agropecuarias de Venezuela, 2004.

Varios millones de hectáreas bajo siembra directa, mantenidas con barbecho químico para evitar la emergencia de malezas, conservar la estructura y humedad de suelo; así como la incorporación cada vez mayor de cultivos protegidos y de las superficies con riego complementario, contemplan un control de plagas con agroquímicos[67].

La industria de los plaguicidas ocupa más de diez mil personas en Argentina. Ante esta realidad, se torna indispensable la promoción de programas educativos que logren instruir acerca del manejo correcto de estos productos, el uso cuidadoso de los recipientes, buscando de esa forma minimizar los riesgos para la salud humana y el medio ambiente en general[68].

El futuro de los agroquímicos debe ser debatido pensando en un enfoque sustentable del sistema. Es decir, procurar maximizar los resultados económicos de la empresa agropecuaria pero siempre dentro de un marco donde se reduzcan los efectos ecológicos adversos y no corra peligro la integridad del ser humano[69].

El hombre y su relación con los agroquímicos[70]

La exposición a los productos químicos produce diferentes efectos, según sea su vía de penetración, el tipo de contacto, la sustancia activa, los demás componentes de la fórmula y el tiempo de exposición.

Vías de penetración:
- Vías digestiva u oral
- Vía respiratoria o pulmonar
- Vía cutánea o dermal

Tipos de intoxicación:
- Aguda
- Subaguda
- Crónica

67 SONNET, Fernando, *La Reforma Económica y los efectos sobre el sector agropecuario en Argentina 1989-1998*, Instituto de Economía y Finanzas. Facultad de Ciencias Económicas UNC, 1999.
68 NOVO, Ricardo, CAVALLO, Alicia, *Op. Cit.*
69 MINISTERIO DE AGRICULTURA, PESCA Y ALIMENTACIÓN, España, *El Libro Blanco de la Agricultura y el Desarrollo Rural*, 2003.
70 Extracto de esquema realizado por NOVO, Ricardo, CAVALLO, Alicia, *Op. Cit.*.

Síntomas:

• De intoxicaciones agudas: contracción de pupilas (típico de los organofosforados), salivación, dolores de cabeza, mareos, dificultad respiratoria, molestias en el pecho, diarrea, vómitos, debilidad en las extremidades, etc.

• De intoxicaciones crónicas: malformaciones, problemas de fertilidad, parálisis de miembros inferiores, fisura palatina, ojos anormales, anomalías viscerales, anormalidades en el esqueleto axial, melanoma maligno, cáncer de pulmón, leucemias, cáncer nasal, linfomas malignos.

El uso de herbicidas en cultivo de soja, maíz y trigo se intensificó en el mundo a partir de la revolución verde y se aplican en las zonas agrícolas en fumigaciones aéreas. Estos productos son arrastrados por el viento y afectan áreas pobladas. En Argentina, en la campaña 2006-2007 se utilizaron -según cifras estimadas- 230 millones de litros de glisfosato, 23 a 29 millones de litros de 2-4-D, cerca de 7 millones de litros de endosulfán y casi el mismo volumen de atrazina, sobre la pampa sojizada. (9) Cifras que se completan con un total de alrededor de 150 mil toneladas de plaguicidas y 1.3 millones de Tn de fertilizantes para poder arrimar a los 30 qq/ha que marcan el límite de la ganancia o la pérdida del productor. Los volúmenes utilizados en la campaña 2007-2008, son aun mayores debido a que la superficie sembrada con soja RR ha crecido casi un 17%, a lo que hay que sumar el resto de cultivos que utilizan el sistema de siembra directa[71].

Los exámenes de los productos químicos utilizados en el agro sugieren que la exposición de los padres a esas sustancias puede aumentar el riesgo de los cánceres infantiles. Un ejemplo de ello es la observación del aumento del riesgo de cáncer de cerebro, que pueden estar relacionados con la exposición materna a los altos niveles de los disolventes. La exposición paternal/maternal a los hidrocarburos aromáticos poli-cíclicos se ha asociado con un aumento, pero no relacionado con la dosis, del riesgo de tumores cerebrales. Aunque la exposición profesional de los padres puede ser definitivamente

71 LAPOLLA Alberto J., "Argentina. Dialéctica de la Sojización y la soberanía nacional" (Primera parte), 2007 [en línea], Dirección URL: http://www.biodiversidadla.org/content/view/full/37849.

establecido como la causa del cáncer infantil, varias ocupaciones maternas y paternas se han encontrado asociadas a la leucemia y los tumores del sistema nervioso[72].

Varias pesquisas indican que algunos plaguicidas pueden ser cancerígenos. Estudios epidemiológicos han informado de la asociación entre cáncer infantil y la exposición laboral y no laboral a los plaguicidas de los padres. Los efectos cancerígenos de los plaguicidas son cuidadosamente tomadas en cuenta en la evaluación del riesgo con arreglo a la Directiva 91/414/CEE antes de la autorización de comercialización en la UE. Colectivamente, estos estudios sugieren que puede haber un aumento en el riesgo de varios tipos de cáncer en la infancia asociados con la exposición ocupacional y no ocupacional de los padres a los plaguicidas[73].

El médico entrerriano Darío Gianfelice produjo una serie de informes respecto de la aparición de graves efectos de toxicidad por agroquímicos en la zona pampeana. En ellos sostiene que a partir de 1995, con la expansión incontrolada de la soja RR, se aplican por lo menos tres agrotóxicos sumamente peligrosos para la gente, los animales y el medio ambiente en general. Ellos son glifosato y sus asociados como la polietilendiamina que no siempre figura en los marbetes de los venenos agrícolas, 2-4-D, y endosulfán. En este momento, se ha agregado un nuevo componente que se recomienda para eliminar la "soja guacha", que se denomina comercialmente Gramoxone y que no es más que el viejo Paraquat, químico de altísima toxicidad con un efecto al contacto con la piel devastador.

El *glifosato* clasificado por la Agencia de Protección Ambiental de USA (EPA), como producto altamente tóxico Clase II -por su efecto en la irritación de los ojos- ya que es más peligroso por vía dérmica o inhalación que por ingestión- produce severas alergias, pudiendo afectar gravemente los ojos; también produce efectos gástricos que pueden llegar finalmente al cáncer y genera un tipo de linfoma llamado Linfoma No Hodgkin LNH[74].

72 EUROPEAN ENVIRONMENT AGENCY (EEA), "Environment and health. Environmental assessment report", EEA, Nº 10. EEA, Copenhagen, 2005.

73 Ibídem, Nº10.

74 GIANFELICI, Darío, Informe *"El impacto del monocultivo de soja y los agroquímicos sobre la salud"* [En línea], Dirección URL: http://www.biodiversidadla.org/objetos_relacionados/file_folder/archivos_word_2/el_impacto_del_monocultivo_de_soja_y_los_agroquimicos_sobre_la_salud, [Fecha de consulta: 10 de abril 2008]

> El glifosato, es la materia activa del herbicida Roundup®, en todas sus variedades, mediante la producción de la proteína CP4 enolpiruvilsikimato-3-fosfato sintasa (EPSPS). La enzima EPSPS está presente en la ruta del ácido sikímico para la biosíntesis de aminoácidos aromáticos en plantas y microorganismos.
>
> La inhibición de esta enzima por el glifosato da lugar a una deficiencia en la producción de aminoácidos aromáticos y a una inhibición del crecimiento de las plantas. La ruta bio sintética de aminoácidos aromáticos no está presente en las formas de vida de mamíferos, aves o fauna acuática, lo que explica la acción selectiva del glifosato en plantas y su baja toxicidad en mamíferos
>
> El glifosato es hidrosoluble, por lo cual para poder atravesar las membranas celulares debe adquirir liposolubilidad. Para ello se le agregan surfactantes que la empresa productora no publicita en los marbetes por considerarlo secreto comercial[75].

Un estudio del Instituto Nacional de Salud de Bogotá muestra las siguientes conclusiones:

> El glifosato grado técnico y el Roundup[76]® fueron citotóxicos para las células mononucleares de sangre periférica. Las cinéticas de toxicidad del glifosato grado técnico y del Roundup® fueron determinadas a las 24, 48, 72 y 96 horas de exposición. Se encontró que ambas presentaciones eran tóxicas para las células mononucleares de sangre periférica humanas. Este efecto fue dependiente de la concentración tanto para Roundup® como para el glifosato grado técnico, pero sólo en la formulación comercial se notó que fue directamente proporcional al tiempo de exposición[77].

---

75 Ibídem.

76 Fórmula comercial compuesta básicamente de glifosato más surfactante. La formulación herbicida más utilizada (Round-up) contiene el surfactante polioxietileno-amina (POEA), ácidos orgánicos de Glifosato relacionados, isopropilamina y agua.

77 MARTINEZ, Adriano, REYES, Ismael, REYES, Niradiz, "Cytotoxicity of the herbicide glyphosate in human peripheral blood mononuclear cells. Biomédica", 2007 [en línea]., Dirección URL: http://www.scielo.org.co/scielo.php?script=sci_arttext&pid=S0120415720070004000l4&lng=en&nrm=iso, [Fecha consulta: 13 de marzo 2008]

Kakzewer[78] coincide con las opiniones de Gianfelici, en que:

> La soja –o cualquier otro producto tratado con el mismo herbicida- fumigado con glifosato produce al ser cocinada una sustancia altamente tóxica llamada acrilamida. Dicho producto es la base de la poliacrilamida, sustancia que permite partir la cadena del ADN. Por ello la acrilamida es considerada un tóxico neural y reproductivo, que produce malformaciones en los embriones y finalmente cáncer[79].

Kaczewer sostiene que los estudios revelan que el conjunto de sustancias formuladas como "glifosato" son tóxicas en todas las categorías y dosis ensayadas, produciendo dos tipos de toxicidad: subaguda -caracterizada por lesiones en las glándulas salivales- y crónica, caracterizada por inflamación gástrica, daños genéticos en células sanguíneas, trastornos reproductivos y mayor frecuencia de efectos carcinogenéticos, con mayor frecuencia de cáncer hepático observada en ratas machos y cáncer de tiroides en ratas hembras. Walter Pengue confirma las opiniones vertidas por Kaczewer, señalando que algunas formulaciones además poseen Dioxano que es una sustancia cancerígena[80].

El 2-4-D, es un éster derivado del arboricida altamente tóxico conocido como 'agente naranja' el 2-4-5-T-, 'produce una forma de dermatitis llamada cloracné, en la intoxicación aguda los efectos más severos se dan en la función renal. En animales de experimentación se han comprobado efectos teratogénicos y fetotóxicos.' Gianfelici señala al respecto que estos efectos obligaron al gobierno de Entre Ríos a promulgar la Resolución Nro. 7 de la Secretaría de Agricultura de la Provincia, (Expte N°.402907) del 16 de abril 2003, prohibiendo el uso aéreo y terrestre del 2-4-D.

El insecticida organoclorado *Endosulfán* pertenece al grupo de los ciclodienos, que actúan como disruptores endocrinos, reemplazando o afectando a las hormonas producidas por el organismo, jugando un papel similar al estrógeno en los animales, produciendo ginecomastía y femi-

78 KACZEWER, Jorge, "Toxicología del Glifosato: Riesgos para la salud humana. Nota Ecoportal", 2002 [en línea], Dirección URL: http://www.ecoportal.net/contenido/temás_especiales/salud/, [Fecha de Consulta: Marzo de 2008].
79 LAPOLLA Alberto J., *Op. Cit,*
80 Ibídem,

nización, en niños varones y adelanto del ciclo menstrual en las niñas, en ambos casos cuando han sido expuestos a fumigaciones del producto. 'Causa gran preocupación la creciente frecuencia de anormalidades genitales en los niños, como testículos no descendidos (criptorquidia), penes sumamente pequeños e hipospadias, un defecto en el que la uretra que transporta la orina no se prolonga hasta el final del pene. ' Estos hechos han sido denunciados por médicos del Hospital Garraham. En el caso de las niñas 'la aparición a destiempo de hormona sexual femenina o su imitador, provoca desarrollo sexual anticipado con aumento del riesgo de patologías malignas de tracto genital[81].

La *atrazina* 'ha sido clasificada como un plaguicida de uso restringido en algunos países de Europa, e incluso se lo ha prohibido debido a su potencial para contaminar napas subterráneas.' Los efectos tóxicos de la Atrazina son variados, produciendo irritación de los ojos, alergias cutáneas. Puede ser asimilada por contacto con la piel y es peligrosa su ingestión e inhalación. Al igual que el resto del "paquete sojero" la Atrazina es considerada mutagénico y por consiguiente puede ser cancerígeno.

El *paracuat*, forma parte de los herbicidas bipiridos no selectivos, son utilizados en la agricultura en concentrados líquidos tales como: Cekuquat, Crisquat, Dextrone, Esgram, GOldquat, Gramocil, Gramonol y gramoxone. Los efectos crónicos de este herbicida se relacionan con: potencial actividad carcinogénica y mutagénica, efectos neurotóxicos, provoca alteraciones en la función reproductora, reducción en el índice de producción espermática e incrementa el número de producción espermática patógena. Está demostrado que provoca efectos cutáneos como dermatitis de contacto.[82]

El prolongado contacto con el paracuat (según el Dr García Regalado) puede provocar úlceras en la piel, aumentando el poder de absorción, lo que eventualmente provocaría la muerte. La inhalación prolongada a causa de fumigaciones puede producir hemorragia nasal. La contaminación ocular puede dañar la córnea y provocar ceguera.

---

81 Ibídem,
82 GARCÍA REGALADO, Juan Francisco, "Intoxicación por herbicidas Guadalajara, México" [En línea], Dirección URL: http://www.reeme.arizona.edu/materials/Intoxicaci%C3%B3n%20por%20Herbicidas.pdf

El insecticida organoclorado endosulfán pertenece al grupo de los ciclodienos, que actúan como disruptores endocrinos, reemplazando o afectando a las hormonas producidas por el organismo, jugando un papel similar al estrógeno en los animales, produciendo ginecomastía y feminización, en niños varones y adelanto del ciclo menstrual en las niñas, en ambos casos cuando han sido expuestos a fumigaciones del producto[83].

Las investigaciones del equipo del Dr. Robert Bellé[84], de la Universidad Pierre y Marie Curie de Francia llegaron a la conclusión que "El glifosato formulado, lo que significa el Roundup tal como es vendido, activa lo que se llama el checkpoint (proteínas de control). Cada célula tiene dos checkpoints que se activan sólo cuando hay problemas en la división celular. Esta perturbación se debe a que interactúa con el ADN de las células y de esa manera es como funcionan los agentes cancerígenos. Una vez activado el checkpoint hay tres posibilidades: la primera es que la célula repare el ADN; la segunda, que haga apoptosis o suicidio celular; y la tercera, que ni se reparen ni se mueran porque el gen que se daña es uno de los que regula el checkpoint y es así como se inicia el proceso del cáncer.

Las regiones agrícolas donde se apliquen plaguicidas deben considerarse como potencialmente peligrosas, por la posibilidad de la contaminación del suelo y de fuentes de agua potable. Debido a la gran extensión que puede llegar a tener un área agrícola, la definición de sitio peligroso en una región de esta naturaleza, pudiera limitarse a aquellos puntos donde se permite el contacto humano con los plaguicidas; por ejemplo, los ríos, las comunidades agrícolas, etc[85].

La expansión de la producción agrícola también produce la exposición de los habitantes a los polutantes provenientes del polvillo esparcido por el aire durante la descarga, secado y recarga de los cereales originó la aparición de enfermedades alérgicas, respiratorias, cutáneas, entre otras[86].

---

83 GIANFELICI, Darío, *Op.Cit,*. Pág. falta

84 BELLÉ, Robert, "Entrevista telefónica realizada por Mónica Almeida en Quito el día 25 de febrero del 2007" [en línea], Dirección URL: http://webs.chasque.net/~rapaluy1/glifosato/Glifosato_cancer.html

85 DÍAZ BARRIGA, Fernando, Metodología de identificación y evaluación de riesgos para la salud en sitios contaminados, GTZ-CEPIS-OPS, 1997.

86 LERDA Daniel y col. , *Contaminación del aire por silos, su incidencia sobre la salud, una problemática regional.* Archivos de Alergia e inmunología clínica, falta lugar,

La provincia de Córdoba y más específicamente el departamento Río Segundo, se encuentra dentro de la zona sojera del país, donde las fronteras entre el área sembrada y el area urbana son difíciles de delimitar y las leyes promulgadas con el fin de resguardar la salud de la población, no son factibles de cumplirse en su totalidad. Además, el desplazamiento de la población rural hacia centros urbanos produjo un crecimiento de las ciudades en la cual los centros acopiadores de cereales quedaron ubicados en medio de zonas urbanas.

Manipulación correcta de los plaguicidas

La seguridad en el uso de los plaguicidas tiene gran importancia. Su implicancia directa sobre la vida de distintos organismos y el hecho de que son aplicados al ambiente, los convierte en herramientas tan beneficiosas como riesgosas. Con el objetivo de minimizar los peligros que genera su existencia en la rutina diaria, es fundamental la adopción de normas de precaución que logren evitar eficazmente las intoxicaciones, contaminación etc. derivados de la mala utilización[87].

Las tres etapas o puntos críticos en el manejo de los plaguicidas son el transporte, el almacenamiento y el momento de la aplicación.

En cuanto al transporte; el traslado, la carga y descarga, implican de por si riesgos.

Es importante considerar que cuando se llevan en un vehículo envases de agroquímicos, estos deben estar necesariamente en excelentes condiciones, bien identificados y sin tomar contacto con alimentos u otro tipo de elementos (es decir que el transporte tiene que cargar únicamente esos productos). Si envases de otra mercadería se contaminan, deben ser lavados con solución concentrada de detergente. Si el producto químico moja vestimentas o alimentos, hay que quemarlos. También es imprescindible limpiar camiones y contenedores antes de volverlos a usar. Los operarios que actúan en las zonas de cargas y descargas deberán utilizar la ropa adecuada para las tareas asignadas.

---

abril-junio de 2001, Vol.32.NºII.

87 NOVO, Ricardo, CAVALLO, Alicia, *Op. Cit*

En lo referido al almacenamiento, es necesario que estos sean ubicados fuera de los centros poblados y cursos de agua. Los locales deben tener piso impermeable con canaleta alrededor y ventilados. No deben ofrecer fácil acceso a niños o personas extrañas[88].

Llegado el momento de la aplicación, es fundamental conocer las características del producto. Su modo de acción, dosis, poder residual, método de aplicación etc. Asimismo, se debe constatar que las maquinarias funcionen correctamente, y una vez finalizado su uso, lavarlas adecuadamente. Con respecto a los envases, estos deben ser destruidos cuando hayan sido vaciados (no quemados porque el humo puede intoxicar a personas y animales). No es conveniente reutilizarlos[89].

En caso de comenzar a sentir síntomas por envenenamiento, avisar rápidamente al médico orientándolo mediante el envase del producto (de esa manera sabrá qué terapia es recomendable). De laceleridad con que se lleven a cabo estas medidas, dependerá el grado de recuperación del paciente[90].

Residuos de plaguicidas

Los productos químicos que quedan en los alimentos, pueden afectar la salud del ser humano por pequeña que sea la cantidad ingerida. En nuestro país aún no se ha tomado real conciencia de este problema. No hay demasiada investigación sobre éste y otros temas, como los niveles de acumulación química en suelo, aire y agua[91].

Los organoclorados, por ejemplo, se caracterizan por su gran persistencia y estabilidad, además de su capacidad para acumularse en la cadena trófica (pasando de las pasturas a la grasa de la carne o de la leche de los animales). Los residuos de clorados en leche materna y su transmisión a través de la misma a lactantes, pueden causar

---

88 MEJIA, Jorge, "Vigilancia de las condiciones ambientales en eventos de intoxicaciones, accidentes o emergencias por sustancias químicas-plaguicidas (xenobióticos)", 2006 [en línea], Dirección URL: www.dssa.gov.co/download/Guíaplaguicidas.pdf

89 CAMARA DE SANIDAD AGROPECUARIA Y FERTILIZANTES (CASAFE), *Guía de productos fitosanitarios para la República Argentina,* falta número de edición, Argentina, Editorial (que posiblemente sea Casafe), 1998, volumen.

90 DUPONT AGROSOLUCIONES servicio al cliente, 1998 [en línea], Dirección URL: www.agrosoluciones.dupont.com

91 NOVO, Ricardo, CAVALLO, Alicia, *Op. Cit.*

severas afecciones a la salud de los hijos. Se realizó una investigación de una muestra de leche de puerpéreas en el Hospital Materno Infantil Ramón Sardá entre los años 2000 a 2001 y 2003 a 2004, encontrando un elevado porcentaje (91.5%) de residuos de plaguicidas organoclorados, que están prohibidos en el país[92].

El problema de residuos en alimentos que nos toca más de cerca, es la contaminación de hortalizas y frutas para consumo en fresco. Lamentablemente en la mayoría de los casos, el tiempo necesario entre pulverizaciones y cosecha y la posterior comercialización, no es el adecuado[93].

Si se realizara una buena práctica agrícola, ningún plaguicida debería dejar residuos que excedan lo tolerado. Muchas pueden ser las razones para que esto no ocurra. Podemos mencionar la resistencia de las plagas, que obliga a subir el nivel de las dosis, o simplemente negligencia con respecto a la espera de los períodos de carencia[94].

Las ventas de productos argentinos al exterior han sido severamente castigadas por el hallazgo de residuos de plaguicidas en cargamentos de diferentes alimentos. En general, la exportación nativa no pasa los controles rigurosos respecto a residuos[95].

Hasta el momento no se le ha dado la suficiente relevancia a esta cuestión, ya sea porque no ha sido considerada dentro de las prioridades en la agenda de gobierno o porque no ha tenido suficiente difusión pública. Sin embargo, si consideramos la importancia de las exportaciones de origen agropecuario en el ingreso de divisas, se vuelve necesario un cambio de carácter urgente, que modifique esa actitud frente a estos actos[96].

Es imprescindible analizar la situación desde una visión más integradora. Sólo a través de un trabajo conjunto, en el que interactúen

---

92 DER PARSEHIAN, Susana, "Plaguicidas organoclorados en leche materna". *Revista Hospital Materno Infantil Ramón Sardá 2008; 27 (2)*

93 JEREZ RODRÍGUEZ, Juan José, "La producción de frutas y hortalizas", 2006, [en línea], Dirección URL: www.consumáseguridad.com

94 FELDMAN, Paula, KLEIMAN, Elisabeth, Buenos Aires, Secretaria de Agricultura, Ganaderia, Pesca y Alimentos (SAGPYA), *Guía de contenidos teóricos para capacitadores de trabajadores golondrina*, 2004.

95 NOVO, Ricardo, CAVALLO, Alicia, *Op. Cit.*

96 Ibídem,

los representantes de la política, la ciencia y la empresa privada, se logrará el efecto deseado. Es absolutamente necesario la elaboración de una estrategia de acción, que podría abarcar desde la implementación de una legislación adecuada que oriente sobre las medidas y reglamentaciones correspondientes; programación de campañas educativas que impulsen el empleo de plaguicidas de menor toxicidad y uso de productos biológicos (que conllevan un menor riesgo potencial); hasta el contralor de la mercadería, que se dirige tanto al mercado local como el que va a otros países[97].

Normativa sobre medio ambiente

Ley Nacional 25.675. Principios de la política ambiental
Sancionada: 6 de noviembre de 2002. Promulgada parcialmente: 27 de Noviembre de 2002
ARTÍCULO 4° — La interpretación y aplicación de la presente ley, y de toda otra norma a través de la cual se ejecute la política ambiental, estarán sujetas al cumplimiento de los siguientes principios:

Principio de congruencia: La legislación provincial y municipal referida a lo ambiental deberá ser adecuada a los principios y normas fijadas en la presente ley; en caso de que así no fuere, éste prevalecerá sobre toda otra norma que se le oponga.

Principio de prevención: Las causas y las fuentes de los problemas ambientales se atenderán en forma prioritaria e integrada, tratando de prevenir los efectos negativos que sobre el ambiente se pueden producir.

Principio precautorio: Cuando haya peligro de daño grave o irreversible la ausencia de información o certeza científica no deberá utilizarse como razón para postergar la adopción de medidas eficaces, en función de los costos, para impedir la degradación del medio ambiente.

Principio de equidad intergeneracional: Los responsables de la protección ambiental deberán velar por el uso y goce apropiado del ambiente por parte de las generaciones presentes y futuras.

Principio de progresividad: Los objetivos ambientales deberán ser

97 CASAS, P. Lizardo, *Modernización de la institucionalidad de la agricultura y el medio rural*. Instituto Interamericano de Cooperación para la Agricultura (IICA).

logrados en forma gradual, a través de metas interinas y finales, proyectadas en un cronograma temporal que facilite la adecuación correspondiente a las actividades relacionadas con esos objetivos.

Principio de responsabilidad: El generador de efectos degradantes del ambiente, actuales o futuros, es responsable de los costos de las acciones preventivas y correctivas de recomposición, sin perjuicio de la vigencia de los sistemas de responsabilidad ambiental que correspondan.

Principio de subsidiariedad: El estado nacional, a través de las distintas instancias de la administración pública, tiene la obligación de colaborar y, de ser necesario, participar en forma complementaria en el accionar de los particulares en la preservación y protección ambientales.

Principio de sustentabilidad: El desarrollo económico y social y el aprovechamiento de los recursos naturales deberán realizarse a través de una gestión apropiada del ambiente, de manera tal, que no comprometa las posibilidades de las generaciones presentes y futuras.

Principio de solidaridad: La Nación y los Estados provinciales serán responsables de la prevención y mitigación de los efectos ambientales transfronterizos adversos de su propio accionar, así como de la minimización de los riesgos ambientales sobre los sistemas ecológicos compartidos.

Principio de cooperación: Los recursos naturales y los sistemas ecológicos compartidos serán utilizados en forma equitativa y racional, El tratamiento y mitigación de las emergencias ambientales de efectos transfronterizos serán desarrollados en forma conjunta.

....

Presupuesto mínimo

ARTICULO 6º — Se entiende por presupuesto mínimo, establecido en el artículo 41 de la Constitución Nacional, a toda norma que concede una tutela ambiental uniforme o común para todo el territorio nacional, y tiene por objeto imponer condiciones necesarias para asegurar la protección ambiental. En su contenido, debe prever las condiciones necesarias para garantizar la dinámica de los sistemas ecológicos, mantener su capacidad de carga y, en general, asegurar la preservación ambiental y el desarrollo sustentable.

....

El *principio de precaución* tiene muchos de los atributos de la buena praxis en salud pública, como son la prevención primaria y el reconocimiento de que las consecuencias imprevistas e indeseables son posibles. La toma de decisiones en el ámbito de la salud pública suele basarse en estudios científicos que han establecido una asociación presumiblemente causal entre alguna actividad y su impacto adverso sobre la salud. Las investigaciones no siempre alcanzan a demostrar la asociación causal (efecto de la exposición) y, si la demuestra, se le exige que sea estadísticamente significativa (aun cuando la falta de significación no indica necesariamente la ausencia de efecto). Así pues, mientras se desarrollan estudios más definitorios las actividades potencialmente peligrosas continúan desarrollándose, si no se toman medidas de precaución[98].

A menudo la prevención tiene un costo menor que el tratamiento posterior. El principio de precaución es de aplicación cuando hay una buena base para considerar que una acción implementada de manera temprana, a un costo comparativamente bajo, puede evitar un daño posterior mucho más costoso o la aparición de efectos irreversibles. La evaluación del riesgo, proceso sistemático de identificación de las potenciales consecuencias adversas de una actividad, tecnología o producto y de estimación de la probabilidad o riesgo de que se produzcan, consta de cuatro instancias: identificación del riesgo, caracterización de la relación dosis-respuesta, valoración de la exposición y estimación del riesgo. El resultado final incluye, por una parte, una declaración cuantitativa y cualitativa de los efectos esperados sobre la salud y del número y la proporción de personas afectadas, y por otra, una aproximación a las incertidumbres halladas. Este proceso tiene cierta similitud con la investigación epide-

98 SANCHEZ, Emilia. El principio de precaución: implicaciones para la salud pública, Gac Sanit 2002;16(5):371-3 [en línea], Dirección URL: http://scielo.isciii.es/pdf/gs/v16n5/editorial.pdf.

miológica pero, al tratarse de un instrumento para ayudar a la toma de decisiones y la definición de políticas, se aplica a poblaciones como las que constituyen un país e intenta contestar de manera formal y estricta preguntas, en general, de difícil respuesta[99].

99 Ibídem

Expansión agrícola

Menor número de productores agropecuarios y mayor crisis agraria

Si bien los ´90 trajeron consigo reformas de tipo estructural que afectaron sustancialmente al sector agrario, la ausencia de cifras oficiales impedía elaborar conclusiones confiables acerca de la situación real que se presentaba en el país[100].

Los indicadores suministrados por el Censo Nacional Agropecuario del año 2002, muestran de manera elocuente una transformación de la estructura social agraria argentina, ratificando de algún modo los datos aportados por estudios parciales realizados en aquellos años.

En el cuadro Nº 1 se muestra información de Argentina, por regiones[101], de los censos agropecuarios de 1988 y 2002. A finales de la década del ´80, en el país existían aproximadamente 420 mil establecimientos agropecuarios destinados a la producción agrícola, ganadera y forestal. Cerca de la mitad de los mismos, correspondían a las provincias que integran la región pampeana, representando al mismo tiempo una proporción similar del total de la tierra productiva del país. Con un 20% del total de las unidades cada una, se posicionaban las regiones NEA y NOA, aunque vale aclarar que para el caso de éstas, la superficie ocupada por las mismas significaba para cada región aproximadamente un 10% del total nacional.

Una situación distinta corresponde a la región patagónica, aunque debe ser relativizada debido a sus características agroecológicas, que con un 5% de todos los establecimientos de Argentina llega a ocupar el 30% de la tierra del país[102].

Quince años más tarde, los datos del Censo Nacional Agropecuario 2002 suponen una disminución de los establecimientos en producción próxima al 25% (equivalente a 100 mil unidades) en relación a los números ofrecidos por la medición de 1988. Así también, ese descenso

100 LATTUADA, Mario, NEIMAN, Guillermo, *Op. Cit.*

101 Región Cuyo: Mendoza y San Juan.
Región Noreste (NEA): Chaco, Corrientes, Formosa y Misiones
Región Noroeste (NOA): Catamarca, Jujuy, La Rioja, Salta, Santiago del Estero y Tucumán.
Región Pampeana: Buenos Aires, Córdoba, Entre Ríos, La Pampa, San Luis y Santa Fe.
Región Patagonia: Chubut, Neuquén, Río Negro, Santa Cruz y Tierra del Fuego

102 LATTUADA, Mario, NEIMAN, Guillermo, *Op. Cit.*

muestra una misma tendencia en las distintas regiones del país, quedando esto demostrado con la distribución geográfica del porcentaje relativo de unidades productivas, que se mantiene sin cambios[103].

Cuadro 1: Cantidad y superficie de los establecimientos agropecuarios de Argentina, según regiones. 1988 y 2002.

Región	Año 1988			Año 2000		
	Establecimientos agropecuarios		Superficie Media (has)	Establecimientos agropecuarios		Superficie Media (has)
	N°	%		N°	%	
Total del país	421221	100	421,2	317816	100	539,1
Pampeana	196254	46,6	391,3	136345	42,9	530,7
NEA	85249	20,2	222,0	68332	21,5	284,3
NOA	72183	17,1	268,6	63848	20,1	257,5
CUYO	46222	11	140,2	32541	10,2	137,9
Patagonia	21313	5,1	2619,8	16750	5,3	3499,6

Fuente: INDEC; Censo Nacional Agropecuario, 1988 y 2002

La evolución de la superficie media en producción refleja la concentración que se habría dado en la última década del siglo XX en el agro argentino, ya que como promedio nacional, la misma pasa de 421 a 539 hectáreas por unidad de explotación (Cuadro N° 1).

Es importante mencionar además, que los cambios más notorios se registran en la región pampeana. Para el resto de las regiones, si bien puede observarse una disminución en el número de establecimientos, el descenso es menor.

Este proceso, por la singular realidad que caracteriza al campo argentino y principalmente a la región pampeana, se fundamenta por dos causas: Por un lado la tradicional concentración de la propiedad de la tierra, y por el otro, un tipo de concentración distinta, pero no menos influyente, simbolizada a través de la llamada agricultura por contrato. Bajo esta denominación se incluye el arrendamiento, los contratos accidentales o el uso de contratistas de producción[104].

103 Ibídem

104 TEUBAL, Miguel, RODRÍGUEZ, Javier, *Op. Cit.*

De lo expuesto, podemos concluir que los establecimientos agropecuarios con menor superficie productiva disponible son los que tienden a desaparecer en mayor magnitud, confirmando el hecho de que en la década del ´90 se incrementó el mínimo de hectáreas necesarias por unidad económica para mantenerse competitivo en la actividad[105].

También se manifiesta la mayor extensión de las unidades agrícolas en el Cuadro Nº 2, en el que consta que aumentó más del 4% el número de EAP de 500 has y más, que incluye un 2% de más de 5.000 has.

Cuadro 2: Distribución de los establecimientos agropecuarios según escala de extensión. Argentina, 1988 y 2002.

Año	Total del país (unidades)	Escala de extensión (en hectáreas)					
		Hasta 25	25,1 a 100	100,1 a 500	500,1 a 1000	1001,1 a 5000	Más de 5000
2002	297425	103454	68668	74825	21441	22877	6160
	100%	34,8	23,1	25,2	7,2	7,7	2,1
1988	378357	141675	93271	94855	21101	21254	6201
	100 %	37,4	24,7	25,1	5,6	5,6	1,6

Fuente: INDEC; Censo Nacional Agropecuario, 1988 y 2002

La crisis del desarrollo territorial que movilizaba a la población rural se plasma en el deterioro de las mismas. Esta crisis, que alcanza un grado particularmente profundo en el área de los servicios, priva a las localidades rurales de recursos que constituían, en un pasado, un eje fundamental de su crecimiento. Uno de los tantos ejemplos lo representa el ferrocarril, una consecuencia más de las políticas privatizadoras y desreguladoras de la intervención estatal que caracterizaron los ´90[106].

Con todo, quienes se ven igualmente afectadas por esta crítica realidad, son las cooperativas agrarias y las organizaciones gremiales, asentadas principalmente en las regiones más ricas del territorio nacional. Éstas reciben el impacto directo proveniente tanto de la

105 RECA, Lucio, PARELLADA, Gabriel, *Op. Cit.*
106 RAPOPORT, Mario, Historia económica, política y social de la Argentina, Macchi, Buenos Aires, 2005.

crisis de la pequeña y mediana producción, como el resultante de la caída en la demanda y oportunidad de empleo[107].

Como resultado de estos procesos se fragmenta el espacio rural, que comienza a enfrentar un proceso migratorio, y también de cambio en las relaciones histórico-sociales, generando un entramado asociativo muy distinto al de décadas pasadas[108].

Expansión del cultivo de soja

La expansión del cultivo de soja a partir de la autorización de siembra de la semilla transgénica, se desarrolló sin interrupciones en todo el país y también en Córdoba.

Cuadro3: Estimaciones Agrícolas de las cosechas de soja. Argentina, 1997-2007

Total país	Superficie Sembrada	Superficie Cosechada	Producción
1997/98	7.176.250	6.954.120	18.732.172
1998/99	8.400.000	8.180.000	20.000.000
1999/00	8.790.500	8.637.503	20.135.800
2000/01	10.664.330	10.664.330	26.880.852
2001/02	11.639.240	11.405.247	30.000.000
2002/03	12.606.845	12.419.995	34.818.552
2003/04	14.526.606	14.304.539	31.576.751
2004/05	14.400.000	14.037.246	38.300.000
2005/06	15.364.574	15.097.388	40.467.099
2006/07	16.134.837	15.974.764	47.460.936

Fuente: INDEC; Censo Nacional Agropecuario, 1988 y 2002

La superficie cultivada en todo el país creció de poco más de siete millones a dieciséis millones de hectáreas, que representa un incremento del 125% en los diez años. En Córdoba, la superficie cultivada pasó de dos millones a casi cuatro millones y medio, un incremento de 114%. El crecimiento de la producción fue más pronunciado 153% y 143%, en todo el país y Córdoba respectivamente.

107 LATTUADA, Mario, NEIMAN, Guillermo, *Op. Cit.*.

108 GIARRACCA, Norma, El Movimiento Agropecuario de Mujeres en Lucha: protesta agraria y género durante el último lustro en Argentina, Perspectivas Latinoamericanas, 2001, Vol. 28.

Cuadro 4: Estimaciones Agrícolas de las cosechas de soja. Córdoba, 1997-2007

Córdoba	Superficie Sembrada	Superficie Cosechada	Producción
1997/98	2.096.800	2.070.300	5.820.700
1998/99	2.564.600	2.459.950	5.263.300
1999/00	2.729.000	2.707.400	6.932.900
2000/01	3.151.500	3.088.960	8.154.200
2001/02	3.452.900	3.444.370	9.658.300
2002/03	3.564.352	3.543.402	9.851.100
2003/04	4.172.940	4.128.670	8.376.200
2004/05	3.981.146	3.925.908	11.190.869
2005/06	4.343.718	4.273.718	11.123.165
2006/07	4.477.882	4.447.482	14.173.030

Superficie: expresada en hectáreas / Producción: expresada en toneladas

Fuente: Dirección de Coordinación de Delegaciones [109].

Gráfico 1

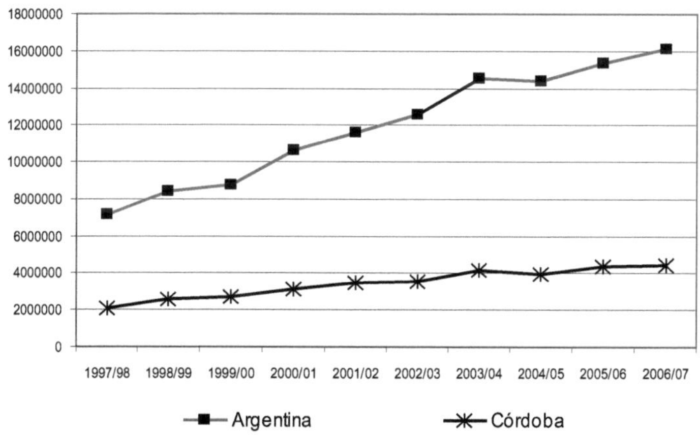

Fuente: Dirección de Coordinación de Delegaciones[110]
Cuadros Nº 3 y 4

109 [en línea], Dirección URL: http://www.sagpya.mecon.gov.ar/scripts/0-2/ioleagi.idc

110 Dirección de Coordinación de Delegaciones [en línea], Dirección URL: http://www.sagpya.mecon.gov.ar/scripts/0-2/ioleagi.idc

Departamento Río Segundo

Perfil productivo

El departamento Río Segundo está ubicado en la región este de la provincia de Córdoba, limitado al Norte por el departamento Río Primero, al Sur por Tercero Arriba y General San Martín, al Este por San Justo y Unión y al Oeste por Santa María.

Gráfico 2

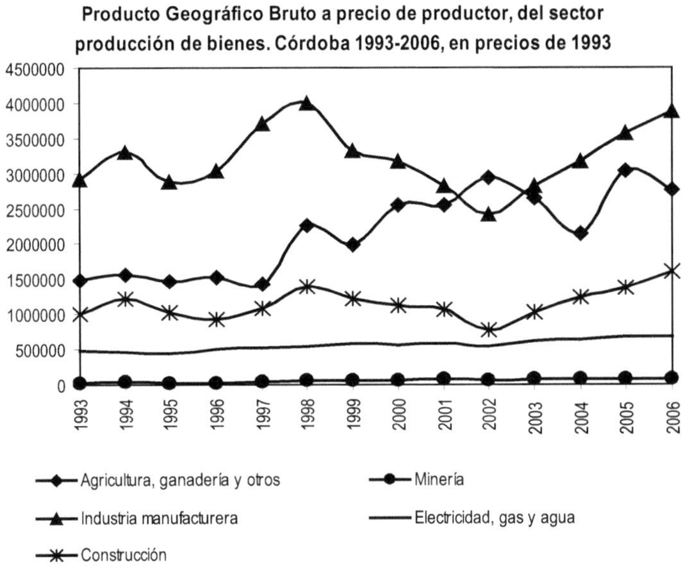

Producto Geográfico Bruto a precio de productor, del sector producción de bienes. Córdoba 1993-2006, en precios de 1993

4500000
4000000
3500000
3000000
2500000
2000000
1500000
1000000
500000
0

1993 1994 1995 1996 1997 1998 1999 2000 2001 2002 2003 2004 2005 2006

Agricultura, ganadería y otros
Minería
Industria manufacturera
Electricidad, gas y agua
Construcción

Fuente: Dirección de Estadísticas y Censos Prov. de Córdoba

El departamento Río Segundo ocupa una superficie de 4.970 Kilómetros cuadrados, que representan el 3,0% del total provincial. Según información del censo de población del año 2001, presenta una densidad de 19,3 habitantes por km2 y la población rural representa el 17,3% del total departamental. Con el objetivo de evaluar la importancia del sector primario en la producción de la provincia se presenta la participación de cada sector de producción de bienes, en el Producto Geográfico Bruto (PGB) de la provincia.

La evolución del PGB del sector de producción de bienes, manifiesta dos categorías que variaron sustancialmente en los catorce años observados: la industria manufacturera y la agricultura, ganadería y pesca. La producción agrícola superó a la manufacturera entre el 2001 y 2002, para después comenzar con la tendencia descendente. Por el contrario, la industria manufacturera tuvo baja producción en el 2001 y comenzó a crecer hasta superar la producción agropecuaria.

Según el Censo Nacional Económico 2004/05[111] el departamento RÍO II posee 386 establecimientos de industria manufacturera, que representa el 4.4% de todos los establecimientos industriales de la Provincia. Según el Registro Industrial de la Provincia del 2003[112], eran 163 los establecimientos industriales del departamento Río II registrados, entre los cuales se destacan tres ramas de actividad: el 37% de ellos corresponden a Alimentos y bebidas que aportan el 46% de la producción del Departamento; el 13% a Maquinarias y equipos con el 35% de la producción total y Vehículos remolques y partes que aporta el 7% de establecimientos y de producción. En segundo lugar se pueden mencionar dos ramas: Productos Minerales no metálicos (2.5% de establecimientos y 3.9% de producción) y Muebles colchones y otras (9.8% de establecimientos y 4.3% de producción). Estas cinco ramas industriales concentran el 69% de los establecimientos y el 96% de la producción.

En el Cuadro Nº 5 se muestran algunos indicadores agropecuarios de la provincia de Córdoba y del departamento Río Segundo, obtenidos de los últimos relevamientos agropecuarios. Según Censo Nacional Agropecuario (CNA) del año 2002[113], el departamento Río II contaba con 1.422 explotaciones agropecuarias que representan el 5.5% del total provincial.

El tamaño medio de las explotaciones agropecuarias (EAP) aumentó en forma muy importante entre los dos últimos censos agropecuarios a nivel de las distintas jurisdicciones: en el total de la provincia pasó de 342.6 a 477.9 hectáreas (39%) y en el departamento Río Segundo de 237.4 a 349 hectáreas (47%).

111 INDEC. Resultados del CNE 2004/2005 [en línea], Dirección URL: www.indec.mecon.gov.ar

112 CPCE (2004). Economía Regional de la Provincia de Córdoba. Consejo Profesional de Ciencias Económicas

113 Gobierno de la provincia de Córdoba. Dirección de Estadísticas y censos [en línea]. Dirección URL: http://web2.cba.gov.ar/actual_web/estadisticas/censo_agropecuario/index.htm [Fecha de consulta: 15 de marzo 2008]

Respecto a la forma jurídica de los titulares de las EAP, no ha variado sustancialmente, porque se ha agrandado el tamaño de las EAPs, de tal manera que los fondos de inversión y los pool de siembras manejan un bajo porcentaje de EAPs, pero con grandes superficies.

Cuadro 5: Algunos indicadores del sector agropecuario del departamento Río II y provincia de Córdoba. 1988 y 2002

Indicadores seleccionados	Río Segundo		Total provincia	
	1988	2002	1988	2002
Extensión media EAP	237,4	349	342,6	477,9
Porcentaje persona física s/EAP	68	74,2	70	73,5
Porcentaje sociedad de hecho s/EAP	29,5	22,2	26	21,4
Porcentaje otra sociedad s/EAP	2.2	3,7	3,7	5,1
Sup implantada con oleaginosas	33.2	54	22,9	42,2
Sup implantada con cereales	22,2	32,7	20,2	25,4

Fuente: Elaboración propia con base en CNA 1988 y 2002

Nota: EAP, Explotación agropecuaria

Cuadro 6: Superficie total de las EAP con límites definidos, por tipo de uso de la tierra, Departamento Río II, 2002

	Has	%
Cultivos	364.528,4	73,5
Forrajeras	73.189,1	14,7
Bosques	132,0	0,0
Otros cultivos	389,2	0,1
Pastizales	24.310,7	4,9
Bosques	9.350,5	1,9
Apta no utilizada	7.907,8	1,6
No apta	7.011,3	1,4
Caminos y otros	9.423,9	1,9
	496.242,9	100

Fuente: CNA 2002

En el año 2002, la superficie total de las EAPs con límites definidos del departamento Río Segundo, es de 496.243 has de las cuales son utilizadas el 73.5% para cultivos, el 14.7% para forrajes, el 4.9% pastizales naturales y el resto está compuesto por bosques, tierras no aptas, caminos y otros usos (Cuadro Nº 6).

Según lo expuesto en el Cuadro Nº 7, el 44% de la superficie (del departamento) de primera ocupación está implantada con cereales, el 39% oleaginosas y el 17% forrajeras. En segunda ocupación, la soja invade el 94.5%, el cereal el 1.5% y las forrajeras el 4%[114].

En lo referido a las oleaginosas, la predominancia la tiene la soja con el 87% en la primera ocupación y 99% en segunda. El resto corresponde a girasol y maní. El 91% de la superficie cultivada lo es a siembra directa y el 17% de ella con riego por aspersión. Lo que respecta a cereales, el 80% de la siembra es trigo para pan y el resto maíz, alpiste, avena y sorgo granífero[115].

Cuadro7: Superficie implantada de las EAP con límites definidos (en hectáreas), por grupo de cultivos y período de ocupación. Departamento Río II, 2002.

	Primera	Segunda
Cereales para grano	194.487,6	2.549,5
Oleaginosas	169.725,0	155.956,3
Cultivos para semillas	338,0	153,8
Legumbres	17,0	
Forrajeras	73.189,1	6.424,0
Hortalizas	138,2	15,0
Aromáticas, medicinales y condimentarias	205,0	
Frutales	4,5	
Bosques y montes	132,0	
Viveros	2,3	

Fuente: CNA 2002

114 Instituto Nacional de Estadística y Censos, Argentina, *Censo Nacional Agropecuario (CNA)*, del año 2002.
115 Ibídem.

Se advierte la predominancia del monocultivo de soja sobre los otros laboreos; son conocidas las consecuencias negativas económicas y ambientales que surgen de una explotación intensiva, sin alternancias, lo que depara un escenario pesimista para el futuro si no se piensa en una política agrícola sustentable, tendiente a diversificar la producción.

En lo concerniente a la actividad pecuaria, el número de cabezas de ganado ha descendido en todos los niveles jurisdiccionales: nación, provincia y departamento, en las últimas décadas. Los motivos del descenso fueron de diversos tipos: el avance de la soja sostenido por altos precios internacionales, retracción de los mercados externos para colocar la producción (por rebrotes de aftosa, mal de la vaca loca, entre otros) y la caída del consumo per cápita interno por deterioro de salarios y altas tasas de desempleo (Cuadro Nº 8).

Cuadro 8: Cantidad de EAP con ganado y número de cabezas, por especie. Departamento Río II, 2002.

Especie	Absolutos		Relativos	
	EAP	Cabezas	EAP	Cabeza
Bovinos	685	156.655	42,3	81,7
Ovinos	113	2.552	0,7	1,3
Caprinos	45	998	2,8	0,5
Porcinos	307	29.564	19,0	15,4
Equinos	467	2.042	28,8	1,1
Mulares	2	7	0,1	0,0
Total	1.619	191.818	100,0	100,0

Fuente: CNA 2002

En el departamento Río Segundo en el año 1988 había 247.077 cabezas de bovinos, según el CNA 2002 contaba con 156.655 cabezas, lo que representa un descenso del 37%. El número de cabezas del departamento respecto al total de la provincia constituía en el año 1988 el 3.5% y en el 2002 el 2.6%. Esto significa que el departamento ha perdido proporcionalmente mayor número de bovinos que la provincia.

De todas las explotaciones agropecuarias que se detectaron en la provincia de Córdoba que se dedican a la explotación de ganado, el 3.6% están radicadas en el departamento Río II, a su vez concentran el 2.7% de las cabezas de la provincia (191.818).

El 81.7% de las cabezas de ganado del departamento son bovinos y se concentran en el 42.3% de las EAP, le siguen en importancia el 15.4% de porcinos de la provincia en el 19% de las EAP. El número de ovinos es muy pequeño 2.552 cabezas y representan el 1.3% del total provincial.

La información de los censos agropecuarios permitió comparar la evolución de los indicadores agropecuarios entre 1988 y 2002, pero no tenemos información del departamento para los años posteriores, en los cuales el modelo de producción agroindustrial se profundizó con mayor intensidad. Según información de la Secretaría de agricultura, ganadería y pesca, la provincia de Córdoba aumentó más del 25% la superficie sembrada, del 2002 al 2007, lo que hace suponer que el departamento también participó del incremento.

En los siguientes apartados se caracteriza al departamento desde su estructura y dinámica poblacional, como también con algunos indicadores sociales, según la última información disponible, del censo de población 2001.

Estructura y evolución de la población

La población del departamento en estudio ha crecido a ritmo variable en los últimos 50 años, tal como se observa en el cuadro Nº 9, en el que se presenta el total de habitantes censado en los últimos seis censos nacionales y el censo de la provincia de Córdoba del 2008.

En el año 2001, el departamento Río Segundo registró una población de 95.803 personas y en 2008 de 99.812 habitantes. Esta cifra representó y continúa representando el 3,1% de la población provincial.

Cuadro 9: Población total y Tasas de crecimiento medio anual intercensal[116]. Departamento Río II y provincia de Córdoba. Periodo 1947-2001.

Años	Población		Tasa de crecimiento medio anual (por mil)	
	RíoII	Provincia	Río II	Provincia
1947	61.988	1.497.987		
1960	60.200	1.753.840	-2.2	12.0
1970	65.679	2.073.991	8.6	16.6
1980	75.075	2.407.754	13.4	14.9
1991	84.393	2.766.683	11.0	13.1
2001	95.803	3.066.801	12.1	9.8
2008*	99.812	3.217.812	4.2% (V P)	4.9% (V P)

*2008[117]

Fuente: Álvarez y otros (2005) en base a Censos Nacionales de población. Años 1947,1960, 1970, 1980, 1991 y 2001.

El ritmo de crecimiento del departamento Río Segundo ha variado sustancialmente desde mediados del siglo pasado, ya que registraba una tasa de crecimiento negativa entre 1947-1960 (-2.2 por mil), luego experimentó una recuperación de 10.9 puntos en el periodo intercensal siguiente (tasa de crecimiento de 8.6 por mil). A partir de 1970, el departamento Río Segundo mantiene tasas de crecimiento superiores al 10 por mil. La tendencia de la tasa departamental es opuesta a la que posee la provincia.

Durante el periodo intercensal (1991-2001), la población del departamento se incrementa en 11.410 personas, con una tasa de crecimiento anual promedio de 12 por mil, que es elevada respecto al ritmo provincial (9.8), aunque algunas localidades del departamento tuvieron un ritmo de crecimiento bastante más acelerado.

116 La tasa de crecimiento medio anual intercensal expresa la cantidad de personas que se suman por año a la población total, por cada 1.000 habitantes. En este caso las tasas son exponenciales.

117 Datos provisionales según censo 2008 [en línea], Dirección URL: página www.cba.gov.ar, V P: variación porcentual 2008-01

Cuadro 10: Población de las localidades del departamento Río Segundo de la provincia de Córdoba. Años 1991 y 2001. Tasa anual media de crecimiento intercensal.

Ciudad/Localidad	1980	1991	2001	Tasa anual media de crecimiento 2001/1991
Río Segundo	12.839	15.746	18.155	13.6
Villa del Rosario	10.133	11.564	13.741	16.4
Oncativo	10.062	11.532	12.660	8.9
Pilar	7.078	9.172	12.488	29.4
Laguna Larga	5.215	6.191	7.137	13.5
Pozo del Molle	4.136	4.593	5.429	15.9
Luque	2.888	3.967	5.242	26.5
Santiago Temple	1.360	1.718	2.358	30.1
Calchín	1.516	1.707	2.038	19.9
Localidades menores de 2.000 h	19.848	18.203	16.555	-9.0
Total departamental	75075	84.393	95.803	12.1

Fuente: Censo de población, hogares y vivienda. Años 1991 y 2001.

Cuatro localidades del departamento Río Segundo tenían al momento del Censo del 2001 más de 10.000 habitantes, la ciudad de Río Segundo es la más poblada. Ocupa el segundo lugar la ciudad de Villa del Rosario, cabecera departamental. La localidad de mayor crecimiento en valores absolutos fue Pilar, aunque la tasa de crecimiento media anual fue mayor en Santiago Temple (Cuadro N° 10).

Ahora bien, el volumen poblacional presenta una estructura -distribución de la población según sexo y grupos de edades- particular en cada espacio geográfico y es de interés analizar, ya que refleja las tendencias de los componentes demográficos (natalidad, mortalidad y movimientos migratorios) registrados en una población en el transcurso de un período que incluye varias décadas.

Diversos indicadores permiten analizar la estructura o distribución de la población por edad y sexo: edad mediana, relación de masculinidad, porcentaje de población por grupo de edad y diferentes relaciones de dependencia expresadas en porcentajes, que permiten evaluar el proceso de envejecimiento poblacional.

El índice o relación de masculinidad se utiliza para analizar las diferencias en la composición de los sexos[118] y puede notarse que el mismo varía considerablemente según los grupos de edad. Para los nacimientos, el índice varía entre 104 a 107 aproximadamente (nacen en promedio, 105 hombres por cada 100 mujeres). A medida que avanza la edad, este indicador disminuye por efectos de la mortalidad diferencial por sexo, que afecta mayormente a los hombres, y por la migración.

Cuadro 11: Indicadores seleccionados de distribución de la población por edad y sexo. Total provincial y departamentos de la Zona Este de la provincia de Córdoba. Año 2001.

Jurisdicción	Edad mediana* varones	Edad mediana mujeres	Relación de másculinidad total población %	Población de 65 años y más %	Relación Viejos/ jovenes* %
Provincia	*27*	*29*	*94,4*	*10,6*	*39,7*
Río Segundo	28	30	96,6	10,7	23,6

*Mediana[119]
*Jóvenes[120]

Fuente: Censo de población, hogares y vivienda. Año 2001.

En el Cuadro Nº 11 se exponen algunos indicadores que permiten analizar la estructura de la población, y conocer la representatividad de cada grupo de edad en el volumen total. La edad mediana para los varones en el total provincial es de 27 años y de 29 años para las mujeres, esto se explica por la mayor mortalidad de la población masculina. En el Departamento Río II las edades medianas de varones y mujeres son de

118 Este indicador resulta del cociente entre la cantidad de hombres y mujeres, multiplicado por 100, y expresa la cantidad de hombres por cada 100 mujeres.

119 La edad mediana es una medida de tendencia central que divide a la serie de edades en dos partes iguales. Por encima y por debajo de la edad mediana está el 50% de la población.

120 La relación Viejos/jóvenes es el cociente de la población de 65 años y más con la población menor de 15 años, expresada en porcentajes.

28 y 30 años respectivamente, apenas mayor que la media provincial. La edad mediana está relacionada con el estado que presenta cada población respecto al proceso de envejecimiento. Cuanto más avanzado está este proceso, mayor es la representación de la población de 65 años y más. En Río Segundo los mayores de 64 años representan el 10,7%.

Otro indicador usualmente aplicado para explicar el comportamiento de la población en relación a los grupos por edad, es la relación viejos/ jóvenes que se muestra en el citado cuadro. En las poblaciones más envejecidas esta relación es de 43,2 mayores de 64 años cada 100 niños menores de 15 años, como es el caso de Marcos Juárez, en tanto, en las poblaciones menos envejecidas esta relación es más baja, como es el caso del departamento en estudio que muestra un 23.6%.

Gráfico 3

Pirámide poblacional del Departamento Río Segundo.
Provincia de Córdoba. Año 2001.

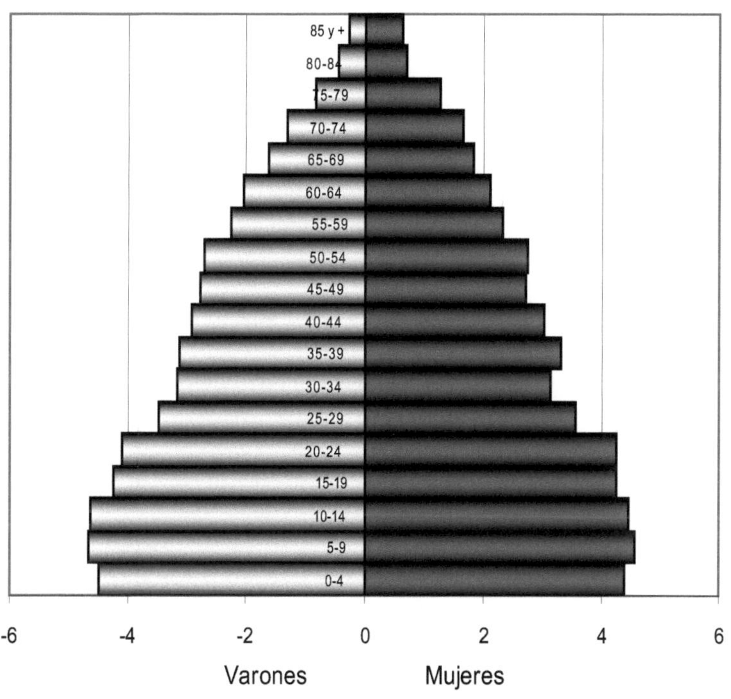

Fuente: Censo nacional de población, hogares y vivienda, 2001.

La pirámide de población sintetiza la representación proporcional de grupos de edades quinquenales para cada sexo, figurando en la base los grupos poblaciones de las primeras edades y en la cúspide, por lo tanto, las edades más avanzadas (Gráficos Nº 3 y 4).

Gráfico 4

Pirámide poblacional de la.
Provincia de Córdoba. Año 2001.

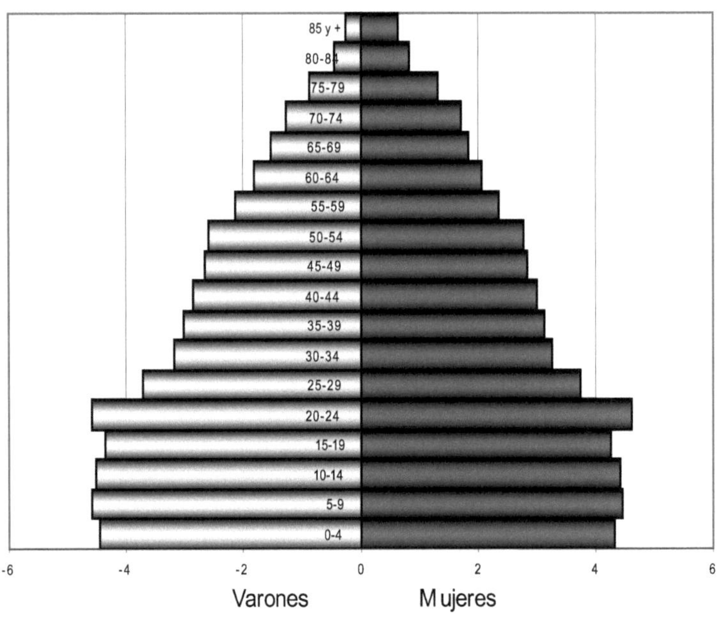

Fuente: Censo nacional de población, hogares y vivienda, 2001.

En la población de Río Segundo la proporción de varones presenta una ventaja respecto a las mujeres, en los primeros grupos de edad hasta el tramo de 20-24 años, donde la proporción de varones se equilibra respecto a las mujeres. A partir de los 25 años la mayor proporción la representan las mujeres debido a los índices de mortalidad diferencial por sexo (se producen más decesos de varones fundamentalmente por causas externas en los tramos de edades jóvenes).

La estructura de la población del departamento Río Segundo es similar a la que muestra la provincia de Córdoba con una diferencia acentuada en el grupo de 20 a 24 años. El mayor porcentaje en ese grupo de edad en la población provincial está sostenido por los estudiantes universitarios de otras provincias, que fueron censados en las ciudades cordobesas que cuentan con instituciones de educación superior.

El ritmo de crecimiento y la estructura de la población dependen de la dinámica demográfica, que se expresa a través de la migración, la fecundidad y la mortalidad, que se desarrollan en los siguientes apartados.

Migración

Se analiza la movilidad de la población en los cinco años anteriores al censo del año 2001. Se observa que los municipios de Oncativo, Villa del Rosario, sumaron (cada una) más de 600 nuevos habitantes provenientes de otras localidades. También 1.436 migrantes se desplazaron a la zona rural dispersa del departamento.

Las localidades más cercanas a la Capital de la provincia (Pilar y Río Segundo) atrajeron mayor población, recibieron más de 1.000 nuevos habitantes cada una, en los cinco años anteriores al censo 2001, acompañando el crecimiento de otras localidades situadas en otros departamentos a igual o menor distancia (Malvinas Argentinas, Río Ceballos, Mendiolaza, entre otras). Este fenómeno es lo que constituye el crecimiento de ciudades dormitorio, de residentes en ellas con lugar de trabajo en Córdoba Capital. También es importante el crecimiento de aquellas localidades con desarrollo industrial y concentración de comercios y servicios, es el caso de Oncativo, Villa del Rosario, Luque y Pozo del Molle (Cuadro N° 12).

Cuadro 12: Porcentaje de habitantes cuya residencia habitual en el año 1996, era diferente al lugar donde fueron censadas en el año 2001, según localidades del departamento Río II.

Lugar donde fue censado en 2001	Residencia habitual en 1996			
	Otra localidad	Otra provincia	Otro país	Total
Población Rural Dispersa	18,7	2,8	0,5	21,9
Calchín	8,0	1,6	0,1	9,7
Calchín Oeste	8,7	0,0	0,0	8,7
Capilla del Carmen	19,2	0,0	0,0	19,2
Carrilobo	8,4	1,1	0,1	9,5
Colazo	7,5	1,1	0,0	8,6
Colonia Videla	19,7	14,8	0,0	34,4
Costasacate	9,2	0,4	0,0	9,6
Impira	2,0	0,0	0,0	2,0
Laguna Larga	5,4	1,5	0,1	6,9
Las Junturas	5,5	0,6	0,1	6,2
Los Chañaritos	14,2	3,2	0,0	17,4
Luque	9,5	0,8	0,1	10,4
Manfredi	9,2	1,9	0,4	11,5
Matorrales	6,4	0,4	0,0	6,7
Oncativo	4,8	0,6	0,1	5,5
Pilar	8,9	1,9	0,1	10,9
Pozo del Molle	6,0	1,7	0,0	7,6
Rincón	6,8	3,1	0,0	9,9
Río Segundo	5,0	1,7	0,1	6,8
Santiago Temple	9,1	0,5	0,0	9,6
Villa del Rosario	6,1	1,4	0,1	7,7
Total departamental	7,4	1,5	0,1	9,0

Fuente: Censo de población, hogares y vivienda. Año 2001.

A su vez, los nacidos en la provincia de Córdoba constituían el 91.8%, los nacidos en otra Provincia el 7.7% y finalmente los nacidos en otro país el 0.5% del total de la población del departamento.

La tendencia del crecimiento poblacional del departamento se ha mantenido durante el periodo 2001-2008, con un incremento absoluto de 4.009 personas.

Fecundidad

La fecundidad de la población es otra de las variables que impactan sobre el crecimiento de la población. Para calcular los indicadores que la miden es necesario contar con los registros de nacimiento; los mismos están disponibles en forma completa a nivel nacional y provincial, a diferencia de lo que ocurre en los departamentos que cuentan con registros parciales e incompletos. Es por eso que para áreas pequeñas habitualmente se calcula el promedio de hijos por mujer, con información de los censos de población (como cociente entre la cantidad de hijos e hijas nacidos vivos[121] y la cantidad de mujeres, en un momento determinado).

Gráfico 5

Promedio de hijos por mujer, según grupos de edad.
Departamento Río II y Provincia de Córdoba. Año 2001.

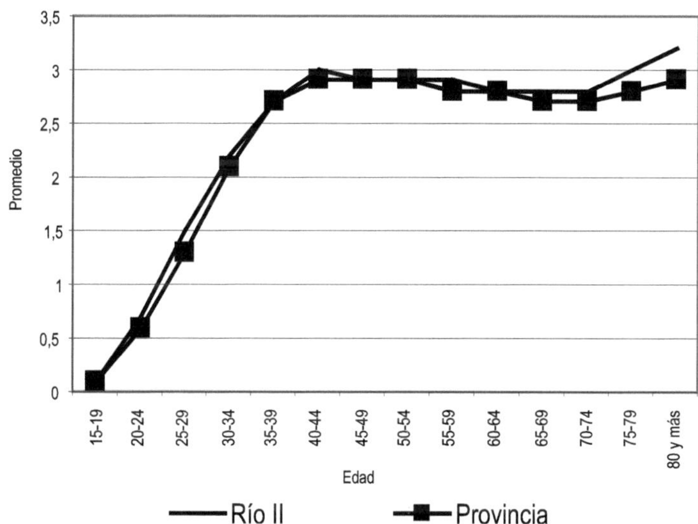

Fuente: Elaboración propia. Censo Nacional de población, hogares y vivienda. Año 2001

121 La fecundidad de la población se obtiene a partir de las respuestas a las preguntas de la cédula censal: "¿Tuvo hijos o hijas nacidos vivos?" y "¿Cuántos hijos o hijas ha tenido en total?", que aplican a todas las mujeres mayores de 14 años.

En el departamento Río Segundo, el promedio de hijos por mujer para grupos quinquenales de edad, es levemente superior en las mujeres que al momento del censo tenían más de 70 años, las que no obstante apenas superan el valor de 3 hijos por mujer. A nivel provincial el promedio es de 2 hijos por mujer mayor de 13 años (Gráfico Nº 5).

Con la misma fuente de información se obtiene el indicador para cada localidad del departamento, que se compara con el promedio departamental que es de 2.08 hijos por mujer. Esa misma fecundidad la manifiestan las localidades de Río Segundo y Pilar. Notablemente, las localidades más pequeñas son las que muestran los mayores indicadores, aunque no alcanza a 3 hijos en promedio (Cuadro Nº 13).

Cuadro 13: Promedio de hijos por mujer del departamento Río II, por localidad. Año 2001

Municipalidad/ Comuna	Promedio	Municipalidad/ Comuna	Promedio
Oncativo	1,89	Manfredi	2,12
Matorrales	1,97	Carrilobo	2,13
Laguna Larga	1,99	Villa del Rosario	2,17
Pozo del Molle	2,01	Colonia Videla	2,19
Calchín	2,02	Las Junturas	2,20
Capilla del Carmen	2,04	Calchín Oeste	2,24
Los Chañaritos	2,07	Colazo	2,25
Santiago Temple	2,07	Población Dispersa	2,25
Departamento	**2,08**	Costasacate	2,39
Río Segundo	2,08	Rincón	2,71
Pilar	2,09	Impira	2,94
Luque	2,12		

Fuente: Elaboración propia. Censo Nacional de población, hogares y vivienda. Año 2001

El promedio de hijos por mujer para todas las edades presenta algunas diferencias en las localidades analizadas, los más altos se presentan en Impira (2.94) y Rincón (2.71) y el menor es en Oncativo (1.89).

Calidad de vida

La calidad de vida alude al bienestar en todas las facetas del hombre, atendiendo a la creación de condiciones para satisfacer sus necesidades materiales (comida y abrigo), psicológicas (seguridad y afecto), sociales (derecho al trabajo, a la educación, a la salud y a servicios básicos) y ecológicas (calidad del aire, del agua, del suelo).

El desarrollo de un país que vela por el ser humano en forma integral debería aspirar a tener buena *calidad de vida*. Por el contrario, el estilo de desarrollo sólo obsesionado por el crecimiento económico ilimitado y cuyo principal objetivo es la riqueza, acumulación material y monetaria, utiliza para evaluar su crecimiento el concepto producto nacional bruto (PNB) y para evaluar el bienestar de las personas el concepto "nivel de vida".

El producto nacional bruto (PNB) reduce todos los bienes y servicios a su valor monetario, ignorando variables sociales, psicológicas y ecológicas. El nivel de vida es un concepto estrictamente económico y no incluye las otras dimensiones. La calidad de vida, en cambio, alude a un estado de bienestar total, en el cual un alto nivel de vida se torna insuficiente.

Esta investigación pretende captar algunos indicadores de calidad de vida de la población del departamento Río Segundo, por lo que describe la situación educacional, la cobertura de salud, las condiciones habitacionales, la actividad laboral y el perfil de la mortalidad, del mismo.

Situación educacional

En las últimas décadas, se ha logrado un incremento importante de la escolarización en la escuela primaria y secundaria, pero no se han encontrado mecanismos eficientes de retención en el nivel medio, primordialmente de los jóvenes más vulnerables desde el punto de vista educativo[122]. Además, a pesar del consenso de todos los sectores acerca de la necesidad de mejorar la calidad de la educación y los logros de aprendizaje, aún no se aplican estrategias más adecuadas para que esto se haga posible.

122 ÁLVAREZ, María Franci, HARRINGTON, María Elisabeth, MACCAGNO, María Alicia; Maciá, Marcelo, RIBOTTA, Bruno, PELÁEZ, Enrique, *Los cordobeses contados: características socio-demográficas de la población*, Centro de Estudios de Población y Desarrollo (CEPyD), Comunic-arte editorial, Córdoba, 2005, Fascículo 1 y 4.

Para analizar esta variable se seleccionaron tres dimensiones fundamentales: 1) identificación de la población analfabeta, 2) condición de asistencia de la población en las edades correspondientes a la educación formal y 3) perfil educativo de la población adulta que no estaba escolarizada al momento del Censo de Población del 2001.

Analfabetismo

A pesar de que la tasa de alfabetización[123] de adultos es alta, para la provincia de Córdoba (97.9%), existen pequeñas diferencias a nivel del departamento.

El porcentaje de mujeres analfabetas tiene una media provincial de 1,9% y el de varones de 2,3%, mientras que Río II presenta en el 2001, respectivamente el 2.2% y 2.8% (Cuadro Nº 14).

Cuadro 14: Volumen y porcentaje de población de 10 años y más analfabeta, según sexo. Departamento Río II y Provincia de Córdoba. Año 2001.

Departamentos	Población Analfabeta			Porcentaje de analfabetos		
	Total	Varones	Mujeres	Total	Varones	Mujeres
Río segundo	1981	1090	891	2,5	2,8	2,2
Total provincial	53.124	27.784	25.340	2,1	2,3	1,9

Fuente: INDEC. Censo de población, hogares y vivienda. Año 2001.

Condición de asistencia y logros educativos

La condición de escolaridad de la población de 3 años y más, y el logro educativo de la población adulta y no escolarizada, se obtiene de una serie de preguntas censales[124].

123 La categorización de alfabeto o analfabeto surge de la pregunta: "¿sabe leer y escribir?", con lo cual se determina la condición de cada integrante del hogar.

124 ¿Asiste a algún establecimiento educacional?

- Si responde que "Si" se le pregunta por el sector y el nivel que cursa, con lo cual se determina su condición de asistencia educativa.
- Si responde que "No", se le pregunta si anteriormente asistió, cual fue el nivel más alto que curso y si completó el nivel. Con las respuestas se puede determinar el logro educativo de cada persona empadronada.

Las edades están agrupadas de manera que cada grupo corresponda a un ciclo o nivel educativo, así, de los 5 a 14 años corresponden a los ciclos de la enseñanza básica, de 15 a 17 años al polimodal y de 18 años y más al nivel superior.

Cuadro 15: Porcentaje de población de 3 años o más que asiste a algún establecimiento educacional. Departamento Río II y provincia de Córdoba. Año 2001.

Grupo edad	Río Segundo	Provincia
3-4	36,9	39,1
5	90,4	85,9
6-11	99,1	99,1
12-14	92,9	93,7
15-17	73,4	76,5
18-24	31,4	34,2
25-29	9,3	16,6
30 y más	1,5	1,7
Total	29,4	30,5

Fuente: Censo de población, hogares y vivienda. Año 2001.

En el año 2001, de la población que aún están en edad de asistir a los dos primeros ciclos de la enseñanza básica obligatoria, de 6 a 11 años, el 99.1% están escolarizados[125], del grupo de 12 a 14 años, tercer ciclo, el 93% declaran asistencia. Respecto al polimodal, el grupo de 15 a 17 años, se observa que un gran número de adolescentes (aproximadamente un cuarto de ese grupo de edad) ha abandonado el sistema educativo sin completar una escolaridad básica o mínima necesaria para una inserción laboral en condiciones no precarias (Cuadro Nº 15).

La escolarización de la población en las localidades, de los subgrupos de 6 a 11 de edad es cercana al 100%, es decir, puede considerarse universal, no así la escolaridad del grupo de 12 a 14 años ya que en algunas localidades hay un porcentaje importante de pobla-

125 La tasa de asistencia escolar es el cociente entre la población escolarizada en cada grupo de edad independientemente del nivel que cursa y la población total del mismo grupo de edad por cien y expresa la importancia relativa de la población cubierta por el sistema educativo formal en distintos grupos de edad y sexo

ción no escolarizada (hasta el 13.4% en Calchín) y ese porcentaje llega al 26,6% en el siguiente grupo de edad en el departamento Río Segundo y a 38% en la misma localidad (Cuadro Nº 16).

Si se tiene en cuenta que la obligatoriedad de la educación se ha extendido hasta finalizar el polimodal, más de un cuarto de los jóvenes del departamento Río Segundo, no satisfacen el derecho universal a la educación básica, con lo que su futuro laboral puede estar muy comprometido.

En el grupo de 18-24 años la escolaridad desciende en forma concluyente, llegando a ser en el departamento Río Segundo de 31,4%, mientras que la media provincial es mayor a 34%.

Cuadro 16: Tasa de escolarización de las principales localidades del departamento Río II, 2001.

Localidad	3-4	5	6-11	12-14	15-17	18-24	25-29	30 y +
Río Segundo	31,8	86,3	99,0	95,4	77,7	32,2	9,5	1,8
Pilar	26,9	86,6	99,2	92,7	69,8	30,3	10,8	2,0
Va del Rosario	44,2	93,0	99,0	91,7	73,5	30,5	10,2	2,2
Oncativo	44,5	94,5	99,5	96,7	83,8	41,8	11,0	1,2
Laguna Larga	40,3	83,1	99,2	94,7	76,3	31,1	12,4	1,5
Pozo del Molle	43,0	100,0	99,1	93,8	77,4	33,2	7,0	1,1
Luque	38,7	100,0	100,0	96,4	77,3	31,5	10,4	0,7
Stgo Temple	42,2	88,9	98,8	89,8	67,5	30,6	5,7	0,7
Calchín	40,8	100,0	99,5	86,6	61,7	33,7	4,9	1,6
Departamento	36,9	90,4	99,1	92,9	73,4	31,4	9,3	1,5

Fuente: Elaboración propia con base en el Censo de población, hogares y vivienda. Año 2001

Máximo Nivel de Instrucción

El máximo nivel de instrucción es la distribución relativa de la población según el máximo nivel de educación formal alcanzado y se obtiene del cociente entre la población que alcanzó y no superó cada nivel de instrucción formal y el total de la población de 15 o 25 años y más, por cien, diferenciado por sexo.

La población está distribuida en distintas categorías por nivel educativo y cada uno de ellos diferenciados en: Incompleto y Completo. En este caso se observa a la población que terminó el nivel medio o tuvo acceso al nivel superior, lo haya completado o no.

El porcentaje de mujeres de 15 años y más que completó o superó el nivel medio es superior al de los varones, en las edades menores a los 60 años. En los grupos de personas de edades correspondientes a 60 años y más, ese perfil se invierte y son los hombres los que presentan mayores porcentajes de nivel secundario o universitario completo, aunque esas diferencias son muy pequeñas (Cuadro Nº 17).

Cuadro 17: Porcentaje de población de 15 años y más, no escolarizada, que terminó o superó el nivel medio, por grupo de edad y sexo. Departamento Río II y provincia de Córdoba. Año 2001.

Grupos edad	Río Segundo		Provincia	
	Varones	Mujeres	Varones	Mujeres
15-19	10,0	13,8	10,9	15,8
20-24	38,4	52,1	32,4	42,9
25-29	39,8	53,8	43,3	54,7
30-39	33,8	43,6	43,1	50,9
40-49	24,2	29,1	36,5	42,6
50-59	14,6	16,2	28,0	32,0
60-69	8,5	7,8	22,7	21,9
70-79	4,7	3,8	18,7	15,8
80 y +	2,9	2,6	15,7	12,8

Fuente: Censo de población, hogares y vivienda. Año 2001

El porcentaje de población masculina de 15 años y más que terminó o superó el nivel medio, en los diferentes grupos de edad, en ningún departamento alcanza el 50% y en el caso de Río Segundo no llega al 40%. En todos los casos el mayor porcentaje se advierte entre los 20 y 30 años. En Río Segundo, el porcentaje de población femenina que terminó o superó el nivel medio no alcanza el 54%. En general se puede decir que el departamento tiene bajo perfil educativo (Gráfico Nº 6).

Gráfico 6

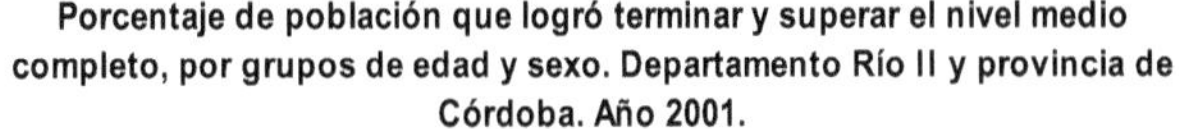
Porcentaje de población que logró terminar y superar el nivel medio completo, por grupos de edad y sexo. Departamento Río II y provincia de Córdoba. Año 2001.

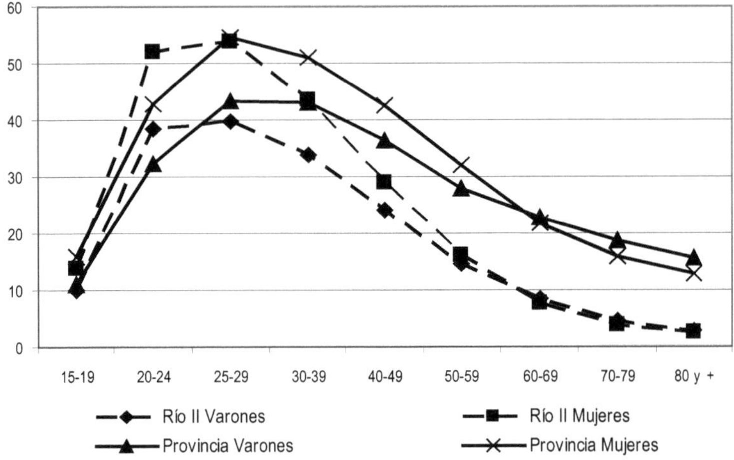

Fuente: Elaboración propia con base en el Censo de población, hogares y vivienda. Año 2001.

Otra manera de analizar las características educativas de la población es desagregando los porcentajes de máximo nivel de instrucción en las siguientes categorías: Sin instrucción o Primario Incompleto, Primario Completo, Secundario Incompleto, Secundario Completo, Superior Incompleto (universitario y no universitario) y Superior Completo.

Cuadro 18: Porcentaje de población de 15 años y más, no escolarizada, según máximo nivel de instrucción alcanzado. Departamento Río II y provincia de Córdoba, año 2001.

Departamento	Sin Instrucción Primario Incompleto	Primario Completo	Secundario Incompleto	Secundario Completo	Superior Incompleto	Superior Completo
Río Segundo	23,6	30,8	20,2	13,1	6,0	6,2
Total Provincial	*17,8*	*25,1*	*21,0*	*15,9*	*10,6*	*9,6*

Fuente: Elaboración propia con base en el Censo de población, hogares y vivienda. Año 2001.

En el Cuadro Nº 18 se comparan los porcentajes de cada categoría a nivel provincial y departamental. En la provincia, la categoría modal de máximo nivel de instrucción es la de primario completo y le sigue en importancia el nivel medio incompleto. Pero en el departamento Río Segundo, la categoría que está en segundo lugar es "Sin instrucción-primario incompleto". Respecto al porcentaje de población que tienen acceso al nivel superior en el total provincial es de 20,2% (completo e incompleto). En el departamento observado alcanza apenas a 12.2%.

Se desagrega la información de máximo nivel de instrucción alcanzado del departamento por grupo de edad, para conocer la evolución de los logros educativos de la población de cada quinquenio. En el caso en estudio se observa un retroceso de los mismos en los dos primeros grupos respecto al de 25-29 años. Este último grupo había logrado mayor egreso del nivel secundario y superior en comparación con lo alcanzado por los jóvenes de 15 a 19 años (no escolarizados), ya que en su gran mayoría lograron el secundario incompleto (Gráfico Nº 7).

Gráfico 7

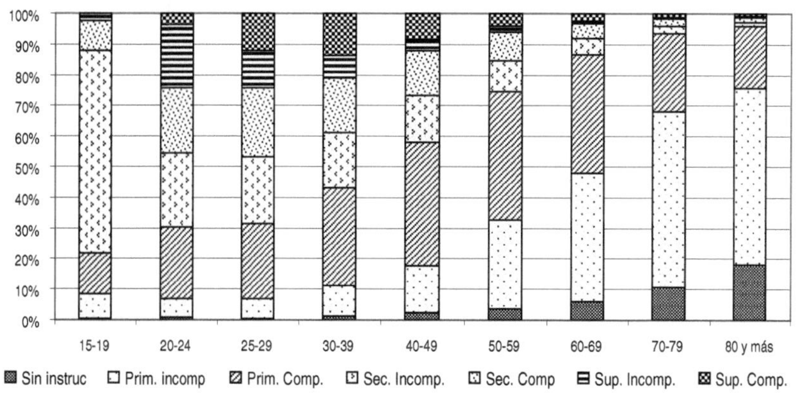

Fuente: Elaboración propia con base en el Censo de población, hogares y vivienda. Año 2001.

Respecto al derecho a la educación, la sociedad está en deuda con los jóvenes del departamento Río Segundo, en mayor medida que a nivel provincial.

Cobertura de Salud

La cobertura de salud en lo que hace a la prevención de enfermedades, como al cuidado y la recuperación de la salud de una población., puede ser alcanzado por diversos medios: adhesión a un plan de salud privado o mutual o afiliación a una obra social[126].

Se analiza el comportamiento de esta variable tomando a la población que no está afiliada a ninguna obra social ni a un plan de salud privado, considerando grandes grupos de edad, en el departamento observado y el total de la provincia. El porcentaje de población sin cobertura a nivel provincial de los varones es de 48% y de las mujeres algo mayor a 43%, en cambio, en el departamento es de 50 y 46% respectivamente.

Gráfico 8

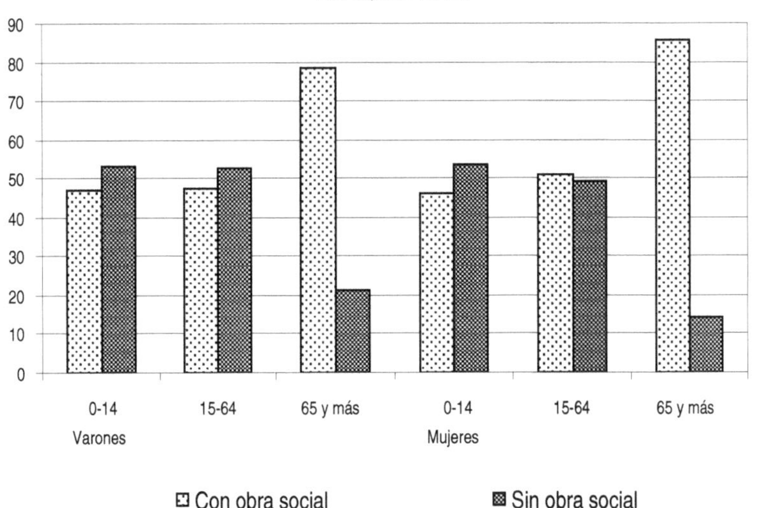

Fuente: Elaboración propia con base en el Censo de población, hogares y vivienda. Año 2001.

126 Se entiende por: a) plan de salud privado o mutual a la adhesión voluntaria y paga al servicio de salud de una institución privada o particular, excluyendo los servicios de emergencias médicas b) obra social refiere a la cobertura de salud que obtienen las personas que trabajan y sus familiares mediante afiliación obligatoria, incluyendo a la cobertura legal que reciben las personas jubiladas o pensionadas.

En el departamento Río II, los menores de 15 años y los varones de 15 a 64 años son los más afectados por la falta de cobertura, superando el 50% de esos grupos de edad, en tanto en las mujeres de (15-64 años) los sin cobertura de obra social o plan de salud privado representan menos del 50%. A su vez, este grupo es el que presenta menor accesibilidad al servicio a nivel departamental respecto al promedio provincial. El grupo de 65 años y más es el que posee la mayor cobertura (78% y +), en su gran mayoría la adquieren por la percepción de la jubilación o pensión (Gráfico Nº 8).

Condiciones habitacionales de los hogares

La cédula censal contiene una serie de preguntas que permiten caracterizar las condiciones habitacionales de las viviendas y hogares que habitan en las mismas, acerca de: tipo de vivienda, los materiales del piso y paredes de las mismas, la procedencia del agua para beber y cocinar, el servicio sanitario del baño, la cantidad de habitaciones para dormir, entre otros.

Para analizar las condiciones habitacionales de los hogares, se han seleccionado las variables: tipo de vivienda, procedencia del agua para beber y cocinar, servicio sanitario según eliminación de excretas, calidad de los materiales de las viviendas y hacinamiento.

Las *viviendas* se clasifican en: casa[127], rancho, casilla, departamentos, piezas en inquilinatos, piezas hotel o pensión, local no construido para vivienda y vivienda móvil. En este apartado se analizan las condiciones de la vivienda teniendo en cuenta una clasificación utilizada por el INDEC que considera una categoría llamada vivienda "inconveniente"[128], y por defecto se llamó "convenientes" a las demás, con excepción de las viviendas tipo "rancho" [129].

---

127 Las casas según condiciones se consideran como tipo: A y B. Las casas tipo B: tienen piso de tierra o ladrillo suelto u otro material (no tienen piso de cerámica, baldosa, mosaico, mármol, madera o alfombrado) o no tienen provisión de agua por cañería dentro de la vivienda o no disponen de inodoro con descarga de agua. En tanto Casa A se refiere a todas las casas no consideradas tipo B.

128 Se consideran viviendas inconvenientes a las casas tipo B, que son: las casillas, las piezas en inquilinatos, en hotel o pensión, los locales no construidos para viviendas y las viviendas móviles.

129 El rancho y las viviendas inconvenientes actualmente han sido recategorizadas por INDEC como viviendas "deficitarias".

En el Cuadro Nº 19 se expone el porcentaje de viviendas según condición habitacional, del total provincial y el departamento. En la provincia, los hogares que habitan en viviendas convenientes alcanzan el 84.3% y el departamento Río II tiene condiciones habitacionales apenas mejor que la media provincial (85.7%).

Cuadro 19: Porcentaje de viviendas según condiciones habitacionales. Departamentos Río II y provincia de Córdoba. Año 2001.

Jurisdicción	Tipo de vivienda		
	Conveniente	Inconveniente	Rancho
Río Segundo	85,7	13,8	0,5
Total provincial	84,3	14,9	0,9

Fuente: Elaboración propia con base en el Censo de población, hogares y vivienda. Año 2001

En relación a la *procedencia* del agua para consumo, el 90% de los cordobeses reciben este vital elemento por cañería pública. En cuanto al servicio sanitario para eliminación de excretas, a nivel provincial, el 29% de viviendas posee inodoro con descarga a red pública, mientras que, el 83% de las viviendas del departamento Río Segundo producen la eliminación a través de cámara y pozo ciego.

Por último, se analiza el hacinamiento en relación al total de hogares y población que habitan en ellos. Se considera hacinamiento a aquellos hogares donde más de tres personas comparten un cuarto para dormir. En toda la provincia, el porcentaje de hogares hacinados es el 3.9% que concentra el 7.1% de la población.

La mayor concentración urbana, agravada por los escasos recursos de las municipalidades y comunas, produce insuficiencia de los servicios públicos esenciales, tales como: el agua potable de red, la energía eléctrica, teléfono y transporte públicos, gas natural, recolección de residuos, pavimento, entre otros

El mayor porcentaje de población careciente de servicios lo posee la localidad de Pilar y la población rural dispersa, que por tener sus viviendas alejadas de los centros urbanos padecen la falta de servicios (Cuadro Nº 21).

Cuadro 21: Porcentaje de población que no posee servicios públicos o es inadecuado, según principales ciudades, rural dispersa y total del departamento Río II. Año 2001

Municipio/Comuna	Rural Dispersa	Pilar	Río Segundo	Villa del Rosario	Total Departamento
Hacinamiento	3,3	4,1	3,2	2,8	2,6
Vivienda inadecuada	0,9	0,8	0,8	0,6	0,8
Sin instalación sanitaria	5,3	2	1,4	1,7	1,9
Agua fuera de la vivienda	21,2	11,4	9	12,1	9,3
Agua fuera del terreno	2,8	1,0	0,8	1,6	1,0
Agua de perforación	54,5	3,2	1,0	18,5	7,3
Agua de pozo	29,9	0,6	0,4	0,5	2,4
Sin electricidad	38,7	2,0	2,5	1,4	4,9
Sin transporte público	96,5	44,3	43,8	63,2	62,8
Sin teléfono público	96,1	40,0	29,1	28,2	41,0
Sin gas natural	97,7	49,1	38,4	21,3	37,9
Sin recolección de residuos	95,8	2,5	3,3	1,7	10,7
Sin alumbrado	91,2	2,3	2,3	2,1	9,9
Sin pavimento	97,4	69,0	62,8	50,8	55,5
Sin obra social	62,5	52,0	50,3	49,6	
Total población	3.053	12.488	18.155	13.741	95.803
Proyección año 2010*		16.333	20.720	19.391	

*2010[130]

Fuente: Elaboración propia con base en Censo de población, hogares y viviendas. Año 2001

La proyección de población para el 2010 para estas ciudades acusa un crecimiento importante; a sólo 2 años de esa fecha, los servicios no se han extendido en forma notable, por lo cual seguramente los porcentajes de población careciente son mayores a los consignados en el año 2001.

130 Gobierno de la provincia de Córdoba. Dirección de Estadísticas y censos [en línea]. Dirección URL: http://web2.cba.gov.ar/actual_web/estadisticas/censo2001/resultados/proyecciones/Proyección%20ciudades.xls [Fecha de consulta: 15 de marzo 2008]

Si tenemos en cuenta el alto porcentaje de población que carece de obra social y que también precisan concurrir a los hospitales públicos para atención y medicamentos, se debería contar con un servicio de salud que les brindara lo necesario. En el año 2005 el departamento disponía de 132 camas de internación en instituciones públicas y 382 camas en instituciones de salud privadas.

Condición de Actividad y Categoría Ocupacional

En plena crisis económica y social, según información del censo del año 2001, el departamento Río Segundo tenía el 47.5 % de la población ocupada, algo mayor que la provincia (44.5%); la población desocupada a nivel departamental era dos puntos menor a la provincial y los inactivos representaban el 40 % de la población de 14 años y más.

Cuando esta información se desagrega por grupos de edad, se observa que la desocupación del grupo de 14 a 24, es superior al 19% y la del grupo 25 a 34 es algo mayor al 10%. Las mujeres de 14 a 44 años manifiestan mayor desocupación que los varones (Cuadro Nº 20).

Cuadro 20: Situación laboral de la población del departamento Río II, al momento del Censo 2001

Porcentaje de población desocupada de 14 años y más, según grupo de edad.

Edad	Varones	Mujeres
14-19	19,3	19,1
20-24	20,3	25,6
25-34	10,5	16,1
35-44	8,4	12,3
45-64	10,1	8,5
65 y más	4,3	1,6
Total	11,6	12,6

Distribución porcentual de la población ocupada, según rama de actividad.

Actividad	Porcentaje
Comercio y servicios	19,0
Agricultura, ganadería, caza y silvicultura	16,6
Industria manufacturera	16,0
Construcción	7,6
Enseñanza	6,3
Resto de actividades	34,5

Fuente: Elaboración propia con base en el Censo de población, hogares y vivienda. Año 2001

De la población ocupada, se observa que el 19% lo está en el sector comercio y servicios y a pesar del incremento de la producción agrícola sólo están ocupados en este sector el 16.6% de los ocupados, apenas mayor al porcentaje de ocupados en la industria. Se recuerda que el departamento Río II está eminentemente dedicado a la producción agropecuaria.

La información obtenida con el censo de población del 2001 permitió analizar algunos indicadores de calidad de vida de la población del departamento Río Segundo, en algunos casos en forma comparativa con el total provincial. Se observó que la situación educacional del departamento es más preocupante que a nivel de toda la provincia, con alto porcentaje de adolescentes no escolarizados y jóvenes con perfil educativo de baja competitividad laboral.

Respecto a la cobertura de salud, la población del departamento tiene menor accesibilidad a los servicios en relación a la provincia. También está en desventaja en cuanto a las condiciones habitacionales y a la disponibilidad de servicios públicos.

Perfil de la mortalidad del departamento

En las comunidades agrícolas las prácticas de uso de productos químicos (herbicidas, insecticidas, fungicidas, etc) están muy extendidas y popularizadas, no midiendo los riesgos para la salud de los que se exponen diariamente, tanto los que desarrollan esa ocupación, como el resto de la población. Notificaciones sobre accidentes por intoxicaciones y la aparición de enfermedades cutáneas, asmás, alergias, irritaciones oculares, etc. son atendidas frecuentemente en los centros de salud. A la vez que crece la aparición de enfermedades crónicas asociadas a la exposición de estos productos, como pueden ser las metabólicas, las respiratorias y del sistema nervioso. También algunas especialidades médicas están realizando un llamado de atención al resto, sobre el efecto teratogénico de algunos productos químicos utilizados en forma descontrolada por el sector agropecuario.

No todo el impacto de los agrotóxicos en la salud humana y el ambiente se debe a la sojización; múltiples ejemplos de ello existen relacionados al tabaco, algodón, hortalizas y a producciones animales intensivas. Sin embargo, el amplio territorio ocupado por la soja y la sistemática negativa a considerar algunas de las consecuencias negativas de su expansión hacen necesario insistir en los riesgos de los agroquímicos utilizados en su producción. En Argentina, han aparecido y se han incrementado algunas enfermedades que podrían estar vinculadas con la agricultura de la soja. Se destaca que las consecuencias no se refieren a un uso puntual u ocasional de agro tóxicos, sino de un uso masivo y habitual.

Mortalidad general

Atendiendo a los estudios mencionados anteriormente sobre los efectos de los distintos agroquímicos sobre la salud de la población, se investiga sobre la evolución del perfil de la mortalidad en el departamento Río II en forma comparada con la provincia de Córdoba. Se toman promedios de tres años en dos momentos: en 1980-1982 y el último disponible al momento de realizar la investigación 2003-2005, (es lo que se aconseja con el objeto de neutralizar las variaciones anuales fortuitas).

Gráfico 9

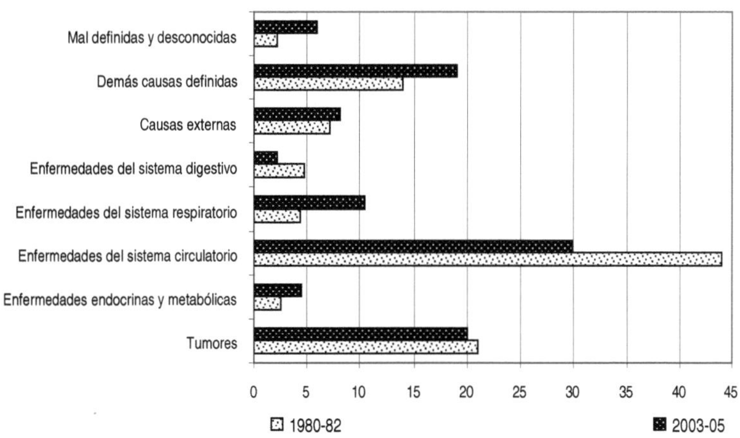

Fuente: Elaboración propia. Anexo, tablas 7 y 8.

Se agruparon las causas de muerte siguiendo la CIE[131] 10 (2003-2005) y su correspondencia con la CIE 9 para el primer periodo, desagregando en los grupos de causas convencionales y sumando los demás en una categoría denominada "resto de causas".

Se presenta la distribución porcentual de las defunciones por grandes grupos de causas para hombres y mujeres. El patrón de distribución de las causas de muerte es muy similar entre el departamento Río II y la provincia de Córdoba (Anexo, tablas 3 y 4), en ambos trienios estudiados.

En el departamento Río II se observa un cambio diferencial del perfil de la mortalidad en ambos sexos. Disminuyó el porcentaje de defunciones debido a enfermedades del sistema circulatorio (12.4 puntos en hombres y 8.7 en mujeres) y aumentó la participación relativa de las enfermedades endocrinas y metabólicas (2.4 puntos en hombres y 3.1 en mujeres) y del aparato respiratorio (7 puntos en hombres y 8.1 en mujeres). También ha crecido en dos puntos el porcentaje del grupo de causas externas de los hombres y ha disminuido en menos de un punto la participación en las causas femeninas.

131 Clasificación Internacional de Enfermedades, 10ª revisión

Gráfico 10

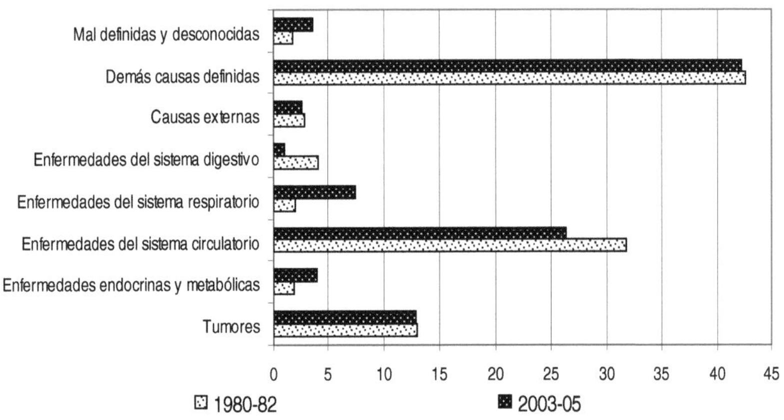

Fuente: Elaboración propia. Anexo, tablas 7 y 8

En la provincia de Córdoba, los cambios no se diferencian entre los sexos, son menores que en el departamento y tienen el mismo sentido.

La tasa de mortalidad ajustada por edad también nos permite hacer comparaciones entre diferentes poblaciones, se seleccionaron algunos grandes grupos de causas para observar los cambios.

La población del departamento Río Segundo de ambos sexos, ha disminuido la mortalidad por enfermedades del sistema circulatorio, con mayor intensidad los varones. Aumentaron en el periodo estudiado, las tasas por enfermedades respiratorias y endocrinas y metabólicas. La tasa de mortalidad por tumores ha disminuido en los varones y se mantuvo en las mujeres. Cuando se desea estudiar a los agroquímicos como carcino-genéticos se debe enfrentar el poder acumulativo de algunos de ellos y el efecto retardado en desarrollar los tumores, mucho tiempo después de haber estado expuesto a los mismos, por lo que encontrar una relación directa entre el cáncer u otras dolencias y los productos químicos se torna arduo.

Gráfico 11

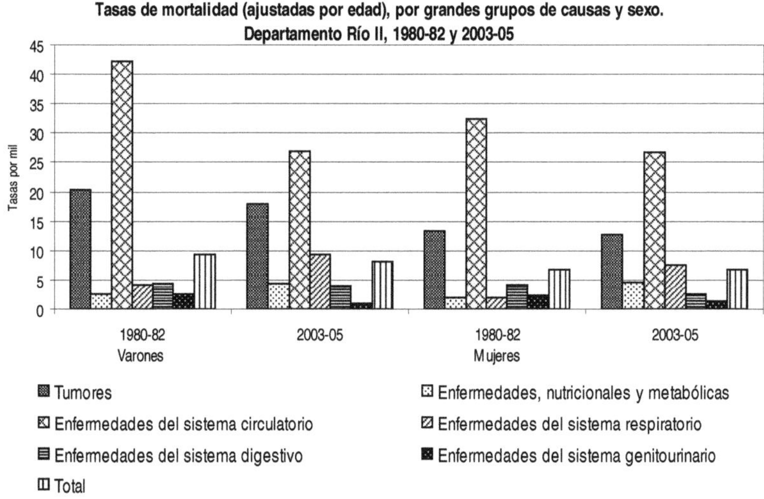

Fuente: Elaboración propia. Anexo, tablas 13.

Se observaron las principales causas de defunción por tumores, en el total provincial y en el departamento Río II y en ambos periodos estudiados (Anexo, tablas 14 a 17 y cuadros 22 y 23). En 2003-2005 aparece el linfoma no Hodkin y Hodkin, en más del 2% de las defunciones por tumores, que no se consignaba como causa de muerte al comienzo de la década del 80.

Causas simples provinciales

En la provincia de Córdoba (Anexo, tablas 14 a 17), Comparando las causas de muerte entre los períodos 1980-1982 y 2003-2005 del sexo masculino, las cuatro primeras causas de muerte son el infarto agudo de miocardio, insuficiencia cardiaca, tumor de tráquea, bronquios y pulmón, y las enfermedades cerebro-vasculares para ambos períodos pero con una importancia relativa menor para el 2003-2005.

Tomando los tumores como causas de muerte, el tumor de tráquea, bronquios y pulmón sigue siendo la primera causa de muerte, mientras que el de próstata ha tenido un aumento siendo la segunda causa de muerte por tumores (2,4) en el 2003-2005, siendo la tercera causa en hombres de 1980-1982 (1,5). El tumor de colon es la tercera causa de muerte en el 2003-2005 (1,8) siendo la última en 1980-1982 (1,1), con poca variación de su importancia relativa. El tumor de páncreas aparece como causa de muerte tumoral en 1980-1982, siendo el tumor de esófago cuarta causa de muerte por tumores en 1980-1982, no apareciendo como causa de muerte tumoral en el 2003-2005.

Entre las causas infecciosas, la neumonía ha cobrado una importancia relativa superior como causa de muerte en los hombres en el 2003-2005 (2,6) con respecto a los hombres de 1980-1982 (1,4), mientras que no presentan diferencias importantes en el resto de enfermedades infecciosas.

La cirrosis asoma con un porcentaje de 2,2% de las defunciones de los hombres del período 1980-1982, no apareciendo como causa de muerte en hombres en el 2003-2005. Las enfermedades metabólicas no han sufrido diferencias llamativas como causas de muerte entre los hombres de ambos períodos.

Comparando las causas de muertes femeninas entre los períodos 1980-1982 y el 2003-2005, la insuficiencia cardiaca, el infarto agudo de miocardio, enfermedades cerebrovasculares y el tumor de mama con las causas de muerte más comunes en ambos períodos, siendo la insuficiencia cardiaca y enfermedades cerebrovasculares de menor importancia relativa en el 2003-2005. Teniendo el tumor de mama, un aumento en la importancia relativa 2003-2005, mientras que el infarto cardíaco no representa variaciones importantes.

Tomando los tumores como causas de muerte, es el tumor de mama el más frecuente en ambos períodos, siendo en el 2003-2005 de mayor peso relativo (4,3%). El tumor de colon es la segunda causa de muerte en mujeres para el 1980-1982 y la tercera causa en el 2003-2005 casi sin diferencias entre ambos períodos (1,4% vs. 1,6%). Mientras que los tumores gastrointestinales entre 1980-1982 aparecen como causa de muerte el cáncer de estómago (1,5%) y el de hígado y vías biliares sin aparecer como causas de muerte en el 2003-2005, mientras que en este ultimo la causa de muerte por tumor de páncreas es del 1,3% sin aparecer en 1980-1982.

Entre las causas infecciosas, la neumonía ha sufrido un aumento en la importancia relativa en el 2003-2005 con respecto a 1980-1982

(1,6%), similar a los que ocurre con los hombres, comparando los mismos períodos.

Mientras que otras causas infecciosas de muerte se presentan sin variaciones en las mujeres de ambos períodos.

Las enfermedades metabólicas, en particular la diabetes mellitus ha sufrido una disminución importante de la importancia relativa como causa de muerte en mujeres del período 1980-1982 (2,6) con respecto a las mujeres en el 2003-2005 (1,5).

Causas simples departamentales

En los cuadros N° 22 y 23 se han listado las 20 primeras causas de muerte del departamento Río Segundo en el periodo 2003-2005 para varones y mujeres.

Cuadro22: Importancia relativa de las 20 primeras causas de muerte, de varones, del departamento Río II. Periodo 2003-2005

Causa de defunción	CIE 10	Porcentaje
Insuficiencia cardiaca NE	I509	8,2
Infarto agudo de miocardio	I219	5,7
Insuficiencia respiratoria NE	J969	4,7
Tumor maligno de mama	C509	4,1
Enfermedad cerebro-vascular agudo	I64X	3,8
Diabetes mellitas	E147	2,0
Enfermedad hipertensiva	I110	2,0
Tumor maligno de la tráquea, bronquios y pulmón	C349	1,9
Neumonía	J189	1,8
Enfermedad aterosclerótica del corazón	I251	1,8
Cardiomiopatía dilatada	I420	1,7
Enfermedad cardíaca hipertensiva sin ins card	I119	1,7
Causas de morbilidad desconocidas y NE	R092	1,6
Hemorragia intra-encefálica NE	I619	1,6
Otras causas mal definidas y las NE mort	R99X	1,6
Choque cardiogénico	R570	1,5
Otras formas de enfermedad isquémica	I248	1,5
Tumor maligno de colon	C189	1,4
Septicemia, NE	A419	1,4
Insuficiencia ventricular izquierdo	I501	1,4
Resto de causas		51,2

Fuente: Elaboración propia con bases de mortalidad brindadas por DEIS-MSAL

Cuadro Nº 23: Importancia relativa de las 20 primeras causas de muerte, de mujeres, del departamento Río II. Periodo 2003-2005

Causa de defunción	CIE 10	Porcentaje
Insuficiencia cardiaca NE	I509	8,2
Infarto agudo de miocardio	I219	5,7
Insuficiencia respiratoria NE	J969	4,7
Tumor maligno de mama	C509	4,1
Enfermedad cerebro-vascular agudo	I64X	3,8
Diabetes mellitus	E147	2,0
Enfermedad hipertensiva	I110	2,0
Tumor maligno de la tráquea, bronquios y pulmón	C349	1,9
Neumonía	J189	1,8
Enfermedad aterosclerótica del corazón	I251	1,8
Cardiomiopatía dilatada	I420	1,7
Enfermedad cardíaca hipertensiva sin ins card	I119	1,7
Causas de morbilidad desconocidas y NE	R092	1,6
Hemorragia intra-encefálica NE	I619	1,6
Otras causas mal definidas y las NE mort	R99X	1,6
Choque cardiogénico	R570	1,5
Otras formas de enfermedad isquémica	I248	1,5
Tumor maligno de colon	C189	1,4
Septicemia, NE	A419	1,4
Insuficiencia ventricular izquierdo	I501	1,4
Resto de causas		51,2

Fuente: Elaboración propia con bases de mortalidad brindadas por DEIS-MSAL

Dentro de las primeras 5 causas de muerte encontramos para ambos sexos las cardiovaculares, Infarto agudo de miocardio e insuficiencia cardiaca, 8% en hombres y 5,7% en mujeres para la primera, y 4,5 en hombres y 8,2% en mujeres en el caso de la segunda. La insuficiencia respiratoria representa alrededor del 4% para ambos sexos y está comprendida dentro de éstas.

Otras de las más representativas son los tumores, el de tráquea, bronquios y pulmón para los hombres (5%) y el de mama para las mujeres (4%). Las muertes por accidentes aparecen dentro de estas primeras 5 causas también, pero sólo para los hombres, y ni siquiera se presentan dentro de las primeras 20 para el caso de las mujeres.

Las enfermedades crónicas respiratorias, la cirrosis y otras enfermedades del hígado aparecen en hombres con un peso relativo de 3% y 1,6% respectivamente, no apareciendo en el caso de las mujeres tampoco entre las 20 causas más frecuentes.

Entre las infecciosas, la neumonía y la sepsis son las causas que figuran entre las 20 causas comentadas. La septicemia se presenta con igual impacto en ambos sexos, pero las neumonías afectan más a las mujeres (1,8% vs. 1,4% en hombres).

Si consideramos a las muertes por tumores, ya se comentó cuáles son las de mayor frecuencia, pero cabe destacar que el tumor de tráquea, bronquios y pulmón también afecta a las mujeres en un 1,9%. El cáncer de colon también afecta a ambos sexos pero en hombres representa el 1,7% de las muertes, mientras que para las mujeres sólo lo hace en un 1,4%. Los tumores de páncreas y estómago están incluidos entre las 20 causas citadas en hombres pero no en mujeres, en las que se destacan mayoritariamente las muertes por causas cardíacas.

El tumor de próstata causó el 3% de las muertes, porcentaje menor que el que genera el cáncer de mama para las mujeres. La diabetes representa un 2% del total de las muertes para ambos sexos.

En resumen, la evolución del perfil de mortalidad en los 25 años transcurridos entre 1980 y 2005, presenta algunas variaciones que se manifiestan de la misma manera a nivel departamental y provincial, estas son: marcada disminución de la mortalidad por enfermedades cardiovasculares y aumento de las enfermedades del aparato respiratorio y también de las endocrinas y metabólicas. El incremento de estos grupos de patologías es compatible con un uso indiscriminado de productos químicos tanto en la producción agropecuaria como en la industrial, tal como se mencionara en investigaciones realizadas puntualmente con los elementos que actúan como disruptores endocrinos.

El análisis de la mortalidad por causas es sumamente complicado, debido a la escasa especificidad determinada en el certificado médico de defunción. Es de público conocimiento que un porcentaje importante de los certificados de defunción consignan como causa básica enfermedades cardiovasculares, cuando debería constar como causa final. De esta manera se está restando importancia al resto de las causas, entre ellas los tumores, enfermedades de los sistemas respiratorio y endocrino, que es muy posible que en este estudio aparezcan subenumeradas como consecuencia de la declaración médica errónea de la causa de muerte.

Tampoco se cuenta con registro médico de malformaciones, ni con registro de defunciones fetales completo, que permitan analizar estos aspectos que también están seriamente comprometidos a raíz del uso indiscriminado de agroquímicos.

Conclusión

En Argentina, en los últimos veinte años la frontera agrícola se expandió, grandes extensiones de bosques nativos y áreas dedicadas a las economías regionales fueron reemplazadas por el monocultivo de soja. El cambio en el uso de la tierra se produce gracias a un modelo económico que se impone desde empresas multinacionales que comercializan las semillas genéticamente modificadas, los agroquímicos utilizados en la producción y que manejan el mercado mundial de alimentos y de agrocombustibles.

El régimen de explotación altamente tecnificado, sólo es redituable cuando se manejan vastas superficies, exige motorización y escasa mano de obra, y la llevan a cabo productores de grandes empresas nacionales y trasnacionales, produciendo un cambio en la relación producción/trabajo.

El modelo argentino de sojización se extiende por Latinoamérica y es el mismo de la provincia de Córdoba y de cada uno de sus departamentos, impactando de diferente forma según sea la eco-región en la cual está localizado. En el caso del departamento Río II, ubicado en la zona pampeana, el modelo tecnificado de producción asume las características de dicha zona. En general, el productor agropecuario es de escala media o grande y se adapta asociándose con otros productores formando pool de siembra y/o brindando servicios de maquinarias a otros grupos. Además, se reduce la superficie dedicada a la cría de animales, desplazándolos a zonas menos aptas para el agro.

En el año 2002, el departamento Río II contaba con 1.422 explotaciones agropecuarias que representan el 5.5% del total provincial. Además, el tamaño medio de las explotaciones agropecuarias aumentó en forma muy importante entre los dos últimos censos agropecuarios a nivel de las distintas jurisdicciones: en el total de la provincia pasó de 342.6 a 477.9 hectáreas (39%) y en el departamento Río Segundo de 237.4 a 349 hectáreas (47%). Según la información disponible, se produjo una fuerte concentración de la producción en el periodo 1988-2002, que pudo profundizarse en los últimos años.

En el mismo periodo, la superficie sembrada con oleaginosas creció de 33 al 54% y la de cereales de 22.2 a 32.7%, con lo cual no queda dudas de la expansión de la actividad agrícola en el departamento.

En este tipo de producción agropecuaria altamente tecnificada, condicionada por los mercados financieros mundiales y la demanda global de alimentos y agrocombustibles, no hay lugar para el pequeño productor que sufre de asfixia financiera, que se siente acosado y tentado a arrendar sus tierras por los grandes empresarios. Como consecuencia de esta situación, los pequeños productores se desplazan a los conglomerados urbanos a engrosar la lista de desocupados o sub-ocupados, imprimiendo presión sobre los servicios públicos que ya se encontraban sobre-utilizados y desactualizados. También la incorporación masiva de la siembra directa y el método de control químico de malezas, desplaza al "antiguo o en desuso" sistema de control mecánico, provoca una reducción adicional de trabajadores a través de una menor demanda en los requerimientos de mano de obra.

La difusión de la siembra directa en la pampa húmeda aparece motivada principalmente por la disminución en los costos de producción, debido a la supresión del laboreo. Otros indicadores de la siembra directa expresan cambios menos favorables, tales como excedentes significativos de nitrógeno, con aumento del riesgo de contaminación por plaguicidas y aumento en la intervención del hábitat.

Respecto a la evolución de los indicadores demográficos desde la década del '80, se consideró el crecimiento de la población, la movilidad y la fecundidad. En 1980, el departamento Río Segundo contaba con 75.075 habitantes y en el 2008 fueron censados 99.812. Las localidades que mayor crecimiento tuvieron en números absolutos, en igual periodo, son Pilar y Río Segundo (más próximas a la Capital).

La fecundidad de la población del departamento, es similar a la que presentaba la provincia de Córdoba en el 2001, aproximadamente un promedio de 2.1 hijos por mujer. Con lo cual no aporta en forma importante al crecimiento de la población, sino que éste depende en mayor medida de los desplazamientos de los individuos entre localidades y del medio rural al urbano; como también de un aumento de la esperanza de vida de los habitantes.

Esta investigación pretendió observar algunos indicadores de calidad de vida de la población del departamento Río Segundo, tales como la situación educacional, la cobertura de salud, las condiciones habitacionales, la actividad laboral y el perfil de la mortalidad, del mismo.

El departamento estudiado está en desventaja, respecto al promedio provincial, en los indicadores de educación, de cobertura de salud y en el acceso a servicios públicos, a pesar de haber experimentado un crecimiento muy importante en la producción agroindustrial (medida en el incremento de la superficie sembrada).

No obstante la mala calidad de los registros de estadísticas vitales, se ha verificado un aumento en el peso relativo y en las tasas de mortalidad por enfermedades del sistema respiratorio y del sistema endocrino, a nivel departamental y provincial, consistente con el aumento en el empleo de productos químicos que tienen consecuencias como disruptores endocrinos, teratogénicos, carcinogénicos, entre otras afecciones.

El monitoreo ambiental a través de eco-indicadores, como también de calidad de vida de la población, debería sistematizarse en forma permanente para orientar políticas ambientales y sociales prudentes, con aplicación de las leyes ambientales y del principio de precaución. Además del impacto sobre los suelos, la aplicación de las tecnologías de OGM y agroquímicos puede también afectar la biodiversidad, ya sea por alteración del hábitat, por el desarrollo de resistencia a los agroquímicos, o por la llamada erosión genética.

El discurso de los organismos internacionales y del ambientalismo en general proclama la defensa de la biodiversidad, pero pensando en la extinción de tales y cuales especies vegetales y animales, pero nunca se menciona al hombre. Se debería pensar en incluirlo en la biodiversidad, si se atiende a las investigaciones realizadas en varios países respecto a: los disruptores endocrinos, la disminución de la fertilidad de los hombres, las mutaciones genéticas, la mortalidad fetal, los aumentos de enfermedades degenerativas y trasmisibles vinculadas al empleo de agroquímicos (cáncer, enfermedades endocrinas, del sistema nervioso y otras) y las consecuencias imprevisibles aún del consumo de los organismos genéticamente modificados.

Hasta el momento, ha sido evidente el dominio de los intereses económicos por encima de lo social y lo ambiental, dominando las decisiones de gestión y de políticas. La sociedad, los medios de comunicación, el sistema científico y el resto de sus instituciones se subordinan al nuevo poder de las multinacionales, que exige de una nueva lógica a su servicio. Los riesgos se minimizan mediante cálculos que llegan a resultados que no implican peligro y se normalizan jurídica y científicamente por medio de análisis como «de riesgos residuales o improbables», sin considerar jamás la verdadera necesidad de un debate y discusión madura, en un ambiente participativo y democrático.

Los importantes aportes que se hacen desde la ciencia "pobre" y comprometida, como resultados de investigaciones puntuales en determinados espacios geográficos que se presentan como emergentes de la problemática de los nuevos patrones de morbilidad, deberían ser más tenidos en cuenta, revisados y discutidos por los científicos y políticos que toman decisiones sobre la aprobación de estos eventos transgénicos, sin contar con todas las vías de análisis necesarias.

El desarrollo de una agricultura sustentable requiere de tecnologías "amigables" con el ambiente y con la sociedad, como también de un contexto institucional que impulse su adopción, traducidas en un conjunto de políticas que incorporen la depreciación del capital natural a las cuentas nacionales, que induzcan manejos sostenibles, y que generen mecanismos institucionales que faciliten la convergencia de los actores relevantes para el análisis y solución de conflictos.

Bibliografía

Altieri, *Miguel, Agroecologia. Bases científicas para una agricultura sustentable*, Editorial Nordan-Comunidad Montevideo, Uruguay, 1999.

Altieri, Miguel, "Una respuesta agroecológica al problema del monocultivo en la Argentina, entrevista al profesor Miguel Altieri, Universidad de California, Berkeley", [en línea], Dirección URL: http://www.agroeco.org/doc/miguel/ , [fecha de consulta: 6 de marzo de 2008].

Álvarez, María Franci, Harrington, María Elisabeth, Maccagno, María Alicia; Maciá, Marcelo, Ribotta, Bruno, Peláez, Enrique, Los cordobeses contados: características socio-demográficas de la población, Centro de Estudios de Población y Desarrollo (CEPyD), Comunic-arte editorial, Córdoba, 2005, Fascículo 1 y 4.

Arauz, Cavallini, Felipe, *Fitopatología: un enfoque agroecológico*, Editorial de la Universidad de Costa Rica, San José, 1998.

Arocena, José, *El Desarrollo Local un Desafío Contemporáneo*, Editorial Nueva Sociedad, Centro Latinoamericano de Economía Humana (CLAEH). Caracas, Venezuela, 1995.

Bailer, III, John C., Bailer, A. John. "Environment and health: 9. The science of risk assessment". Publicado en CMAJ, 2001, [En línea], Dirección URL: http://www.cmaj.ca/cgi/content/full/164/4/503?ck=nck, [Fecha de consulta: 5 de marzo de 2008].

Basualdo, Eduardo, Khavisse Miguel, *El nuevo poder terrateniente*, Investigación sobre los nuevos y viejos propietarios de tierras en la provincia de Buenos Aires, Editorial Planeta, Buenos. Aires, 1993.

Bellé, Robert, "Entrevista telefónica realizada por Mónica Almeida en Quito el día 25 de febrero del 2007" [en Línea], Dirección URL: http://webs.chasque.net/~rapaluy1/glifosato/Glifosato_cancer.html, [Fecha de consulta 6 de marzo de 2008].

Bono, Julieta y otros, Falta lugar, Unidad de Manejo del Sistema de Evaluación Forestal (UMSEF), Dirección de Bosques, Secretaría de Ambiente y Desarrollo, *Mapa forestal provincia de córdoba, Actualización Año 2002*, 2004.

Cámara De Sanidad Agropecuaria y Fertilizantes, Guía De Productos Fitosanitarios Para La República Argentina, , Argentina, Editorial CASAFE. 6ta ed. Argentina, 1600 P., 1999, de las CASAS, P. Lizardo; Trejos, Rafael A.; Cáceres, F. Ricardo. *Modernización de la institucionalidad de la agricultura y el medio rural*. Instituto Interamericano de Cooperación para la Agricultura (IICA), San José, Costa Rica, 1997.

Castañeda, Roberto, Residuos de plaguicidas en productos lácteos, Instituto Nacional de Tecnología Industrial (INTI), Boletín Nº 45, 2006.

Consejo Profesional de Ciencias Económicas (CPCE), *Economía Regional de la Provincia de Córdoba*, Editorial Eudeba, Córdoba, 2004.

COMISIÓN AMBIENTAL DE AMÉRICA DEL NORTE, "América del Norte ya no usa DDT", 2003, [En línea], Dirección URL: www.cec.org, [Fecha consulta: 10 de febrero de 2008].

Der Parsehian, Susana, "Plaguicidas organoclorados en leche materna". *Revista Hospital Materno Infantil Ramón Sardá 2008; 27 (2)*, [en línea] http://www.imbiomed.com.mx/1/1/articulos.php?method=showDetail&id_articulo=52131&id_seccion=2463&id_ejemplar=5279&id_revista=150 [Fecha de consulta: 10 de febrero de 2008]

Díaz Barriga, Fernando, *Metodología de identificación y evaluación de riesgos para la salud en sitios contaminados*, GTZ-CEPIS-OPS, 1997.

Drnas De Clément, Zlata, *El Principio de Precaución Ambiental: La Practica Argentina*,. Editorial Marcos Lerner Editora Córdoba, Argentina, Febrero de 2008.

DUPONT AGROSOLUCIONES servicio al cliente, 1998, [en línea], Dirección URL: www.agrosoluciones.dupont.com, [Fecha de consulta: 30 de setiembre de 2007]]

EUROPEAN ENVIRONMENT AGENCY (EEA), "Environment and health. Environmental assessment report", EEA, Nº 10. EEA, Copenhagen, 2005.

Farrera, René, “Acerca de los plaguicidas y su uso en la agricultura”, Revista Digital del Centro de Investigaciones Agropecuarias de Venezuela, 2004.

Feldman, Paula, Kleiman, Elisabeth, falta lugar, Secretaria de Agricultura, Ganaderia, Pesca y Alimentos (SAGPYA), *Guía de contenidos teóricos para capacitadores de trabajadores golondrina*, 2004.

Ferrer, Aldo, *La Economía Argentina. Las etapas de su desarrollo y problemas actuales*. Fondo de Cultura Económica, Buenos. Aires, 2000.

García Regalado, Juan Francisco, “Intoxicación por herbicidas Guadalajara, México” [En línea], Dirección URL: http://www.reeme.arizona.edu/materials/Intoxicaci%C3%B3n%20por%20Herbicidas.pdf, [Fecha de consulta: 30 de setiembre de 2007]].

Machinea, José Luis; Gerchunoff, Pablo. Un ensayo sobre la política económica después de la estabilización, p. 39-92. En: Bustos, Pablo, comp. Más allá de la estabilidad: Argentina en la época de la globalización y la regionalización. Buenos Aires: Fundación Friedrich Ebert, 1995. 328 p.

Gianfelici, Darío,. Informe *“El impacto del monocultivo de soja y los agroquímicos sobre la salud”* [En línea], Dirección URL: http://www.biodiversidadla.org/objetos_relacionados/file_folder/archivos_word_2/el_impacto_del_monocultivo_de_soja_y_los_agroquimicos_sobre_la_salud, [Fecha de consulta: 10 de abril de 2008]

Giarracca, Norma, *El Movimiento Agropecuario de Mujeres en Lucha: protesta agraria y género durante el último lustro en Argentina*, Perspectivas Latinoamericanas, 2001, Vol. 28..

Giberti, Horacio, “Sector Agropecuario. Oscuro panorama. ¿Y el futuro?”, *Revista de Ciencias Sociales Realidad Económica*, Nº 177, Buenos. Aires, 2001.

gouveia-vigeant, Tami, MPH, MSW, Tickner, Joel, ScD. “Toxic chemicals and childhood cancer: A review of the evidence”, *A Publication of the Lowell Center for Sustainable Production,* University of Mássachusetts, 2003.

Greco, Nancy, *Temario de asignatura, Cátedra de Control Biológi-*

co, Facultad de Ciencia Naturales Universidad Nacional de La Plata (UNLP), 2006

Herrero, Sagrario, *Reflexiones y propuestas para un desarrollo local equitativo y sostenible, Una visión social y educativa*. Coord. Mª Ángeles Menoyo, Pearson Educación SA, Madrid, España, 2006, Cap 11 en Desarrollo Local y Agenda 21

Iglesias, Daniel, "Uso de indicadores para la evaluación de la gestión ambiental. Actas Seminario "Sustentabilidad de la Producción Agrícola" INTA/JICA", 2004, [en línea], Dirección URL: http://www.inta.gov.ar/suelos/actualidad/Seminarios/Sem_sust_agricola.htm, [Fecha de consulta: 28 de setiembre de 2007].

INSTITUTO NACIONAL DE ESTADÍSTICAS Y CENSOS [en línea], dirección URL: http://www.indec.mecon.ar/ [Fecha de consulta: desde marzo 2007 a julio de 2008]

INSTITUTO NACIONAL DE TECNOLOGIA AGROPECUARIA (INTA), ESTACIÓN EXPERIMENTAL AGROPECUARIA (EEA) BALCARCE, [en línea], Programa de Prevención de Residuos Fitosanitarios en Cereales y Oleaginosas, *Produzcamos alimentos sanos con buenas prácticas agrícolas*, 2004. http://www.inta.gov.ar/balcarce/info/documentos/agric/prev_residuos.htm [Fecha de consulta: 30 de marzo de 2007]

Jerez Rodríguez, Juan José, "La producción de frutas y hortalizas", 2006, [en línea], Dirección URL: www.consumáseguridad.com, [Fecha de consulta: 29 de junio de 2007].

Kaczewer, Jorge, "Toxicología del Glifosato: Riesgos para la salud humana. Nota Ecoportal", 2002 ,[en línea], Dirección URL: http://www.ecoportal.net/contenido/temás_especiales/salud/, [Fecha de Consulta: 10 de Marzo de 2008].

Lapolla Alberto J., "Argentina. Dialéctica de la Sojización y la soberanía nacional" (Primera parte), 2007, [en línea], Dirección URL: http://www.biodiversidadla.org/content/view/full/37849, [Fecha de consulta: 15 de febrero de 2008]

Lattuada, Mario, Neiman, Guillermo, *El Campo Argentino: crecimiento con exclusión*, Editorial Capital Intelectual, Buenos. Aires, 2005.

Lattuada, Mario. "El crecimiento económico y el desarrollo sustentable en los pequeños y medianos productores agropecuarios argentinos de fines del siglo XX", CONICET, FLACSO, UNR, [en línea], Dirección URL: http://www.fao.org/Regional/LAmerica/foro/institucionalidad/PDF/Lattuada.pdf, [Fecha de consulta: 15 de junio de 2007].

Leguizamón, Eduardo, "Manejo Integrado de Plagas: situación actual y perspectivas", Revista Agromensajes, Cátedra de Malezas, Facultad de Ciencias Agrarias, UNR, 2005.

Lerda Daniel; Bardaji, Mariana; RE, Vivivana; Demarchi, Virginia y Villa, Oscar, *Contaminación del aire por silos, su incidencia sobre la salud, una problemática regiona*, p. 99-1091. En Lerda, Daniel "Estudios Ambientales en Marcos Juárez" -1ª ed.- Córdoba, UCC, 2005.

López, Andrea, Fólder, Ruth, "Servicios públicos privatizados. La regulación estatal. ¿servicio público o fallas de mercado? Algunas reflexiones sobre los criterios de regulación", Instituto Argentino de Desarrollo Económico, 2006, [en línea] Dirección URL: http://www.iade.org.ar, [Fecha de consulta: 12 de junio de 2007]

Luján, José Luis, *La calidad es nuestra, la intoxicación de usted.* El Colegio de Michoacán, Colección Investigaciones, México, 2005.

Luna, Manuel, *Estructura Económica Argentina*, Editorial Eudecor, Córdoba, 1997.

Manuel-Navarrete, David, Santiago de Chile, División de Desarrollo Sostenible y Asentamientos Humanos. Medio ambiente y desarrollo, 118, *Análisis sistémico de la agriculturización en la pampa húmeda argentina y sus consecuencias en regiones extrapampeanas: sostenibilidad, brechas de conocimiento e integración de políticas,* diciembre del 2005

Martinez, Adriano, Reyes, Ismael, Reyes, Niradiz, "Cytotoxicity of the herbicide glyphosate in human peripheral blood mononuclear cells. Biomédica", 2007, [en línea]., Dirección URL: http://www.scielo.org.co/scielo.php?script=sci_arttext&pid=S0120-41572007000400014&lng=en&nrm=iso, [Fecha de consulta: 20 de abril de 2008]

Mejia, Jorge, “Vigilancia de las condiciones ambientales en eventos de intoxicaciones, accidentes o emergencias por sustancias químicas-plaguicidas (xenobióticos)”, 2006, [en línea], Dirección URL: www.dssa.gov.co/download/Guíaplaguicidas.pdf, [Fecha de consulta: 23 de mayo de 2007].

NACIONES UNIDAS, New York, Población, medio ambiente y desarrollo. Informe, Departamento de Asuntos Económicos Sociales, División de Población, informe conciso ST/ESA/SER.A/202, .2001.

Natenzon, Claudia E., Tito, Gustavo, Buenos Aires, Dirección de Desarrollo Agropecuario, Ministerio de Economía Secretaría de Agricultura, Ganadería, Pesca y Alimentación. PROINDER. *Serie documentos de capacitación, Medio Ambiente y pequeños Productores, Conceptos básicos y operativos.*, 2001

Novo, María. *El desarrollo local en la sociedad global: hacia un modelo global sistémico y sostenible. Una visión social y educativa,* Coord Mª Ángeles Menoyo, Pearson Educación SA, Madrid, España, 2006, Cap 1 en Desarrollo Local y Agenda 21, Págs.5-33

Novo, Ricardo, Cavallo, Alicia, *Protección Vegetal.* Editorial Triunfar, Córdoba, 2001.

Obschatko, Edith y colaboradores, *Transformaciones en la agricultura pampeana: algunas hipótesis interpretativas. Documento del seminario- Mesa redonda: la agricultura pampeana en la próxima década.* CISEA, Buenos. Aires. 1984 en LATTUADA, Mario, Neiman, Guillermo, *El Campo Argentino: crecimiento con exclusión.* Editorial Capital Intelectual; Buenos. Aires 2005.

Ohaco, Patricia, “Control de plaguicidas en fruticultura”. INTI, Boletín Nº 45, 2006.

ORGANIZACION Mundial de la Salud (OMS), “Prevención para la salud de los riesgos derivados del uso de plaguicidas para la agricultura”, *Boletín Salud Ambiental,* 2004

Orlansky, Dora, “El Concepto de *Desarrollo* y las Reformas Estatales: Visiones de los Noventa”, *Revista Documentos y Aportes* / FCE-UNL, Nº 6, 2006.

Paruelo, J. M., Guerschman, J.P, Piñeiro, G., Jobbágy, G, Verón, S.R., Baldi, G., Baeza, S., *Cambios en el uso de la tierra en argentina y uruguay: marcos conceptuales para su análisis*. Agrociencia., Argentina, 2006, Vol. X N° 2, Pág. 47-61

Pengue, Walter A., *Agricultura industrial y transnacionalización en América latina. ¿La transgénesis de un continente?* Serie Textos Básicos para la Formación Ambiental Programa de las Naciones Unidas para el Medio Ambiente, Red de Formación Ambiental para América Latina y el Caribe, México, 2005. (LO DEL PROGRAMA DE PREVENCIÓN ESTA CITADO ANTERIORMENTE)

Rabinovich, Jorge E., Torres, Filemón, Santiago de Chile, División de Desarrollo Sostenible y Asentamientos Humanos. SERIE seminarios y conferencias 38, julio de 2004, *Caracterización de los Síndromes de sostenibilidad del desarrollo, El caso de Argentina, Taller Síndromes de sostenibilidad del desarrollo en América Latina*, 16 y 17 de septiembre de 2002.

Rapoport, Mario, *Historia económica, política y social de la Argentina*, Macchi, Buenos Aires, 2005.

Rapoport, Mario: "Etapas y crisis en la historia económica argentina: 1880-2005", Oikos N°21, 55-88, EAE, Universidad Católica Silva Henríquez (UCSH), Santiago de Chile, 2006.

Reca, Lucio, Parellada, Gabriel, *El Sector Agropecuario Argentino*, Editorial Facultad de Agronomía, Buenos Aires, 2001.

Rofman, Alejandro, Romero, Luis, A, Argentina, Ministerio de Cultura y Educación de la Nación, *Sistema Socioeconómico y Estructura Regional en la Argentina*, Amorrotu, Buenos Aires, 1997.

Sanchez, Emilia. El principio de precaución: implicaciones para la salud pública, Gac Sanit 2002;16(5):371-3 ,[en línea], Dirección URL: http://scielo.isciii.es/pdf/gs/v16n5/editorial.pdf, [Fecha consulta: 17 de mayo de 2007].

Satorre, Emilio, *Siembra directa. Impacto de la Siembra Directa sobre las propiedades físicas y químicas de los suelos*. AACREA, 1998.

Sonnet, Fernando, *La Reforma Económica y los efectos sobre el sector agropecuario en Argentina 1989-1998*, Instituto de Economía y Finanzas. Facultad de Ciencias Económicas UNC, 1999.

Svampa, Maristella. Argentina una cartografía de las resistencias (2003-2008) Entre las luchas por la inclusión y las discusiones sobre el modelo de desarrollo. OSAL año IX, N° 24 octubre 2008, p. 19

Teubal, Miguel, Rodríguez, Javier, *Agro y Alimentos en la Globalización*, Editorial La Colmena, Buenos Aires, 2002.

Tickner, Joel, Raffensperger, Carolyn, Myers, Nancy, "El Principio Precautorio en Acción Manual", *Escrito para la Red de Ciencia y Salud Ambiental (Science and Environmental Health Network*, SEHN), Junio 1999.

Tickner, Joel, "An Example of the Precautionary Principle at Work: Endocrine Disruption" [en linea], Dirección URL: http://www.gdrc.org/u-gov/precaution-2.html, [Fecha de consulta: 3 de marzo 2008].

Treber, Salvador. El forzado retroceso de marzo. Comercio y Justicia, 11/04/2008

Trigo, Eduardo J., Kaimowitz, David, *Economía y sostenibilidad: ¿Pueden compartir el planeta?*, IICA, San José, 1994.

Anexo estadítico

Tabla 1: Indicadores seleccionados CNA 1988. Provincia de Córdoba por departamento

	EAP HAS	% Sup Oleaginosas	% Sup Cereales	% Total Bovinos	% Sup Bosques
Calamuchita	302,1	40,1	15,3	1,4	18,5
Capital	59,2	24,5	12,5	0,2	5,9
Colón	172,2	9,1	27,5	1,2	15,8
Cruz del Eje	288,8	0,2	7,7	0,7	64,4
General Roca	764,1	8,6	17,0	12,8	6,9
Gral San Martín	286,4	12,0	15,0	4,6	1,1
Ischilín	538,2	1,0	22,7	1,0	57,4
Juárez Celman	446,2	28,6	21,0	7,1	0,4
Marcos Juárez	268,5	46,6	28,1	6,2	0,3
Minas	595,6	0,1	24,6	0,5	52,8
Pocho	355,2	0,4	40,8	0,5	66,4
Pte R. Sáenz Peña	579,7	16,5	22,1	7,7	0,7
Punilla	594,8	0,8	3,6	0,5	18,5
Río Cuarto	371,9	13,7	21,2	16,7	2,5
Río Primero	241,2	5,3	13,1	4,0	21,8
Río Seco	536,4	1,9	4,9	1,3	36,4
Río Segundo	237,4	33,2	22,2	3,5	1,9
San Alberto	290,0	0,0	25,4	0,6	53,1
San Javier	119,0	0,5	9,8	0,3	66,2
San Justo	302,3	5,7	13,7	14,2	4,0
Santa María	239,4	69,8	16,2	0,7	15,4
Sobremonte	758,4	0,0	15,3	0,7	74,3
Tercero Arriba	259,2	55,9	20,1	2,3	1,5
Totoral	369,3	2,5	18,6	2,3	17,4
Tulumba	407,8	2,9	9,9	1,4	50,2
Unión	328,1	31,2	25,4	7,7	2,0
Total provincia	342,6	22,9	20,2	100	16,0

Fuente: Elaboración propia. INDEC. Censo Nacional Agropecuario 1988

Tabla 2: Indicadores seleccionados CNA 2002. Provincia de Córdoba por departamento

	EAP HAS	% Sup Oleaginosas	% Sup Cereales	% Total Bovinos	% Sup Bosques
Calamuchita	379,3	47,3	18,6	1,4	23,6
Capital	59,8	51,5	24,1	0,0	7,6
Colón	248,6	48,0	31,9	0,9	11,3
Cruz del Eje	345,5	0,0	2,4	1,1	71,9
General Roca	885,6	30,9	17,1	14,7	7,5
Gral San Martín	442,0	32,1	22,8	4,4	1,1
Ischilín	709,3	7,0	6,4	1,6	62,6
Juárez Celman	776,1	48,0	25,0	6,8	0,3
Marcos Juárez	401,4	57,1	32,7	4,7	0,1
Minas	676,7	2,6	12,5	0,5	96,9
Pocho	468,1	25,4	41,3	0,5	73,2
Pte R. Sáenz Peña	631,3	39,2	24,1	6,6	0,3
Punilla	733,9	9,1	19,3	0,6	21,8
Río Cuarto	492,1	38,3	23,5	15,1	1,8
Río Primero	349,2	46,2	26,6	2,9	8,4
Río Seco	715,2	34,9	18,0	1,9	25,1
Río Segundo	349,0	54,0	32,7	2,6	1,9
San Alberto	323,3	15,8	28,0	0,7	65,6
San Javier	185,2	18,6	17,6	0,6	57,0
San Justo	416,4	27,3	21,4	17,5	3,6
Santa María	352,0	72,3	20,9	0,5	16,2
Sobremonte	1087,4	0,8	3,2	0,9	2,4
Tercero Arriba	392,0	61,6	27,1	1,8	1,0
Totoral	569,2	39,4	26,4	2,3	22,9
Tulumba	582,2	34,5	20,5	2,0	55,4
Unión	505,8	44,8	32,9	7,6	2,3
Total provincia	477,9	42,2	25,4	100	15,7

Fuente: Elaboración propia. INDEC. Censo Nacional Agropecuario 2002

Tabla 3: Defunciones anuales promedio del periodo 1980-1982. Provincia de Córdoba, por grandes grupos de causas y sexo

Grandes grupos de causa de defunción	1980-1982	
	Varones	Mujeres
Enfermedades infecciosas y parasitarias	396	289
Tumores	2233	1577
Enfermedades endocrinas y metabólicas	276	291
Enfermedades del sistema circulatorio	4646	3761
Enfermedades del sistema respiratorio	582	381
Enfermedades del sistema digestivo	631	429
Enfermedades del sistema genitourinario	271	225
Ciertas afecciones originadas en el período perinatal	370	255
Malformaciones congénitas, deformidades y anomalías cromosómicas.	142	121
Causas externas	928	317
Demás causas definidas	263	218
Mal definidas y desconocidas	329	253
Total	11067	8118

Fuente: Elaboración propia con bases de mortalidad brindadas por DEIS-MSAL

Tabla 4: Defunciones anuales promedio del periodo 2003-2005. Provincia de Córdoba, por grandes grupos de causas y sexo

Grandes grupos de causa de defunción	1980-1982	
	Varones	Mujeres
Enfermedades infecciosas y parasitarias	343	296
Tumores	2854	2466
Enfermedades endocrinas y metabólicas	727	731
Enfermedades del sistema circulatorio	4722	4792
Enfermedades del sistema respiratorio	1445	1299
Enfermedades del sistema digestivo	672	482
Enfermedades del sistema genitourinario	322	315
Ciertas afecciones originadas en el período perinatal	206	167
Malformaciones congénitas, deformidades y anomalías cromosómicas.	135	125
Causas externas	1043	415
Demás causas definidas	370	513
Mal definidas y desconocidas	827	624
Total	13665	12225

Fuente: Elaboración propia con bases de mortalidad brindadas por DEIS-MSAL

Tabla 5: Defunciones anuales promedio del periodo 1980-1982. Departamento Río Segundo (Córdoba), por grandes grupos de causas y sexo

Grandes grupos de causa de defunción	1980-1982	
	Varones	Mujeres
Enfermedades infecciosas y parasitarias	11	6
Tumores	80	49
Enfermedades endocrinas y metabólicas	10	7
Enfermedades del sistema circulatorio	168	120
Enfermedades del sistema respiratorio	17	8
Enfermedades del sistema digestivo	18	16
Enfermedades del sistema genitourinario	10	9
Ciertas afecciones originadas en el período perinatal	7	8
Malformaciones congénitas, deformidades y anomalías cromosómicas.	5	3
Causas externas	27	11
Demás causas definidas	9	6
Mal definidas y desconocidas	8	7
Total	369	250

Fuente: Elaboración propia con bases de mortalidad brindadas por DEIS-MSAL

Tabla 6: Defunciones anuales promedio del periodo 2003-2005. Departamento Río Segundo (Córdoba), por grandes grupos de causas y sexo

Grandes grupos de causa de defunción	1980-1982	
	Varones	Mujeres
Enfermedades infecciosas y parasitarias	9	7
Tumores	94	64
Enfermedades endocrinas y metabólicas	21	20
Enfermedades del sistema circulatorio	141	132
Enfermedades del sistema respiratorio	49	37
Enfermedades del sistema digestivo	10	5
Enfermedades del sistema genitourinario	5	7
Ciertas afecciones originadas en el período perinatal	6	4
Malformaciones congénitas, deformidades y anomalías cromosómicas.	4	5
Causas externas	38	13
Demás causas definidas	20	23
Mal definidas y desconocidas	28	18
Total	426	334

Fuente: Elaboración propia con bases de mortalidad brindadas por DEIS-MSAL

Tabla 7: Distribución porcentual de las defunciones anuales promedio del periodo 1980-1982. Departamento Río Segundo (Córdoba), por grandes grupos de causas y sexo

Grandes grupos de causa de defunción	1980-1982	
	Varones	Mujeres
Enfermedades infecciosas y parasitarias	2,9	2,4
Tumores	21,7	19,7
Enfermedades endocrinas y metabólicas	2,6	2,8
Enfermedades del sistema circulatorio	45,5	48,1
Enfermedades del sistema respiratorio	4,5	3,1
Enfermedades del sistema digestivo	4,9	6,3
Enfermedades del sistema genitourinario	2,7	3,5
Ciertas afecciones originadas en el período perinatal	1,8	3,3
Malformaciones congénitas, deformidades y anomalías cromosómicas.	1,4	1,3
Causas externas	7,4	4,3
Demás causas definidas	2,2	2,5
Mal definidas y desconocidas	2,3	2,7
Total	100	100

Fuente: Elaboración propia con bases de mortalidad brindadas por DEIS-MSAL

Tabla 8: Defunciones anuales promedio del periodo 2003-2005. Departamento Río Segundo (Córdoba), por grandes grupos de causas, edad y sexo

Grandes grupos de causa de defunción	1980-1982	
	Varones	Mujeres
Enfermedades infecciosas y parasitarias	2,0	2,0
Tumores	22,1	19,2
Enfermedades endocrinas y metabólicas	5,0	5,9
Enfermedades del sistema circulatorio	33,1	39,5
Enfermedades del sistema respiratorio	11,5	11,2
Enfermedades del sistema digestivo	2,4	1,4
Enfermedades del sistema genitourinario	1,3	2,0
Ciertas afecciones originadas en el período perinatal	1,3	1,1
Malformaciones congénitas, deformidades y anomalías cromosómicas.	1,0	1,5
Causas externas	9,0	3,9
Demás causas definidas	4,6	7,0
Mal definidas y desconocidas	6,6	5,4
Total	100	100

Fuente: Elaboración propia con bases de mortalidad brindadas por DEIS-MSAL

Tabla 10: Población proyectada al 30 de junio, por grupo de edad y sexo. Departamento Río Segundo (Córdoba)

Grupos de edad	Defunciones			
	1980-1982		2003-2005	
	Varones	Mujeres	Varones	Mujeres
0-4	4.152	4.084	4.084	3.985
5-9	3.603	3.582	4.479	4.392
10-14	3.442	3.315	4.520	4.311
15-19	3.134	3.302	4.208	4.182
20-24	2.788	2.846	3.969	3.990
25-29	2.687	2.665	4.133	4.079
30-34	2.679	2.645	3.497	3.300
35-39	2.552	2.337	3.227	3.263
40-44	2.447	2.267	2.996	3.041
45-49	2.237	2.039	2.857	2.802
50-54	2.072	1.943	2.705	2.728
55-59	1.710	1.798	2.443	2.487
60-64	1.453	1.494	2.207	2.274
65-69	1.232	1.265	1.738	1.966
70-74	852	928	1.354	1.675
75-79	516	641	889	1.399
80 y más	384	536	743	1.387
TOTAL	37.940	37.687	50.047	51.261

Fuente: Elaboración propia con datos censales 1980 y 2001

Tabla 11: Tasas de mortalidad por mil, por grupo de edad y sexo. Departamento Río Segundo (Córdoba)

Grupos de edad	Defunciones			
	1980-1982		2003-2005	
	Varones	Mujeres	Varones	Mujeres
0-4	5,3	4,7	3,9	2,5
5-9	0,3	0,6	0,2	0,2
10-14	0,3	0,3	0,4	0,2
15-19	1,6	0,3	1,4	0,2
20-24	2,2	1,1	1,3	0,5
25-29	2,2	0,4	1,7	0,2
30-34	1,5	0,8	0,3	0,6
35-39	2,4	1,7	1,2	0,6
40-44	4,5	2,6	2,7	2,0
45-49	6,7	4,9	2,8	2,5
50-54	11,6	4,6	6,3	3,7
55-59	14,0	6,7	13,1	4,8
60-64	24,8	12,7	17,2	7,9
65-69	36,5	17,4	29,9	11,7
70-74	61,0	34,5	42,1	17,3
75-79	77,5	57,7	67,5	32,9
80 y más	171,9	134,3	150,7	116,8
TOTAL	9,7	6,6	8,5	6,5

Fuente: Elaboración propia con información INDEC y DEIS
Nota: las tasas de mortalidad de los menores de 55 años fueron obtenidas con pocos casos.

Tabla 12: Tasas de mortalidad ajustadas por edad de la población de la provincia de Córdoba, por grande grupos de causas y sexo.

Trienio 1980-1982	Tasas por mil	
Grupo de causa	Varones	Mujeres
Tumores	18,6	12,7
Enfermedades endocrinas y metabólicas	2,3	2,3
Enfermedades del sistema circulatorio	38,6	30,3
Enfermedades del sistema respiratorio	4,8	3,1
Enfermedades del sistema digestivo	5,3	3,5
Enfermedades del sistema genitourinario	2,2	1,8
Total	11,4	9,9

Trienio 1980-1982	Tasas por mil	
Grupo de causa	Varones	Mujeres
Tumores	18,1	14,9
Enfermedades endocrinas y metabólicas	4,6	4,4
Enfermedades del sistema circulatorio	29,9	29,0
Enfermedades del sistema respiratorio	9,2	7,9
Enfermedades del sistema digestivo	4,3	2,9
Enfermedades del sistema genitourinario	2,0	1,9
Total	8,7	7,4

Fuente: Elaboración propia con bases de mortalidad brindadas por DEIS-MSAL

Tabla 13: Tasas de mortalidad ajustadas por edad de la población del departamento Río Segundo, por grande grupos de causas y sexo.

Trienio 1980-1982	Tasas por mil	
Grupo de causa	Varones	Mujeres
Tumores	20,3	13,3
Enfermedades endocrinas y metabólicas	2,5	1,9
Enfermedades del sistema circulatorio	42,2	32,5
Enfermedades del sistema respiratorio	4,1	2,1
Enfermedades del sistema digestivo	4,4	4,2
Enfermedades del sistema genitourinario	2,6	2,3
Total	9,4	6,7

Trienio 1980-1982	Tasas por mil	
Grupo de causa	Varones	Mujeres
Tumores	18,0	12,7
Enfermedades endocrinas y metabólicas	4,4	4,6
Enfermedades del sistema circulatorio	26,9	26,6
Enfermedades del sistema respiratorio	9,4	7,5
Enfermedades del sistema digestivo	3,9	2,5
Enfermedades del sistema genitourinario	1,0	1,3
Total	8,2	6,7

Fuente: Elaboración propia con bases de mortalidad brindadas por DEIS-MSAL

Tabla 14: Importancia relativa de las 20 primeras causas de muerte, de los varones, de la provincia de Córdoba. Periodo 1980-1982

Causa de defunción	CIE 9	Porcentaje
Infarto agudo miocardio	410	9,7
Insuficiencia cardiaca	428	9,5
Tumor de tráquea, bronquios y pulmón	162	5,6
Enfermedades cerebrovasculares	436	5,4
Otras enfermedades isquémicas	414	5,2
Cirrosis y otras enfermedades del hígado	571	2,2
Aterosclerosis	440	2,1
Paro cardíaco	4275	1,9
Diabetes mellitas	250	1,8
Enfermedades cerebrovasculares	431	1,8
Tumor maligno del estómago	151	1,8
Afecciones del periodo perinatal	765	1,6
Otros accidentes	928	1,6
Tumor maligno de próstata	185	1,5
Neumonía	485	1,4
Tumor maligno del esófago	150	1,4
Enfermedades infecciosas y parasitarias	86	1,3
Enfermedades hipertensivas	402	1,2
Otras enfermedades del corazón	427	1,1
Tumor maligno del colon	153	1,1
Resto de causas		41,0

Fuente: Elaboración propia con bases de mortalidad brindadas por DEIS-MSAL

Tabla 15: Importancia relativa de las 20 primeras causas de muerte, de las mujeres, de la provincia de Córdoba. Periodo 1980-1982

Causa de defunción	CIE 9	Porcentaje
Insuficiencia cardiaca	428	11,5
Otras enfermedades isquémicas	414	7,1
Infarto agudo miocardio	410	6,5
Enfermedades cerebrovasculares	436	6,1
Tumor maligno de mama	174	3,5
Aterosclerosis	440	3,1
Diabetes mellitus	250	2,6
Enfermedades cerebrovasculares	431	1,9
Paro cardíaco	4275	1,9
Enfermedades hipertensivas	402	1,7
Tumor maligno del colon	153	1,7
Neumonía	485	1,6
Afecciones del periodo perinatal	765	1,6
Enfermedades cerebrovasculares	434	1,5
Otras enfermedades del corazón	427	1,5
Tumor maligno del estómago	151	1,5
Tumor de tráquea, bronquios y pulmón	162	1,4
Tumor maligno del hígado y vías biliares	155	1,3
Enfermedades infecciosas y par	86	1,2
Enfermedades cerebrovasculares	437	1,2
Resto de causas		39,7

Fuente: Elaboración propia con bases de mortalidad brindadas por DEIS-MSAL

Tabla 16: Importancia relativa de las 20 primeras causas de muerte, de los varones, de la provincia de Córdoba. Periodo 2003-2005

Causa de defunción	CIE 10	Hombres
Infarto agudo de miocardio	I219	7,2
Insuficiencia cardiaca NE	I509	5,1
Tumor maligno tráquea, bronq y pul	C349	4,4
Enfermedades cerebro-vasculares agudas	I64X	3,3
Causas de morbilidad desconocidas y NE	R092	3,0
Neumonía	J189	2,6
Tumor maligno de próstata	C61X	2,4
Enfermedades crónicas respiratorias	J449	2,4
Otros accidentes	X599	2,3
Hemorragia intra-encefálica NE	I619	2,1
Tumor maligno de colon	C189	1,8
Diabetes mellitus	E147	1,4
Otras causas mal definidas y las NE de mortalidad	R99X	1,3
Cardiomiopatía dilatada	I420	1,3
Otros trastornos del pulmón	J984	1,3
Tumor maligno del estómago, parte NE	C169	1,3
Septicemia, NE	A419	1,2
Tumor maligno del páncreas, parte NE	C259	1,2
Enfermedad isquémica crónica del corazón, NE	I259	1,2
Insuficiencia respiratoria	J969	1,1
Resto de causas		48,0

Fuente: Elaboración propia con bases de mortalidad brindadas por DEIS-MSAL

Tabla 17: Importancia relativa de las 20 primeras causas de muerte, de las mujeres, de la provincia de Córdoba. Periodo 2003-2005

Causa de defunción	CIE 10	Mujeres
Insuficiencia cardiaca NE	I509	7,6
Infarto agudo de miocardio	I219	6,3
Tumor maligno de mama	C509	4,3
Enfermedades cerebro-vasculares agudas	I64X	3,8
Neumonía	J189	2,8
Enfermedades cerebro-vasculares	I619	1,9
Paro respiratorio	R092	1,8
Enfermedad hipertensiva	I110	1,7
Tumor maligno de la tráquea, bronquios y pulmón	C349	1,6
Tumor maligno de colon	C189	1,6
Otras causas mal definidas y las NE de mortalidad	R99X	1,6
Insuficiencia respiratoria	J969	1,5
Diabetes mellitus	E147	1,5
Insuficiencia ventricular izquierda	I501	1,4
Septicemia, NE	A419	1,3
Tumor maligno del páncreas, parte NE	C259	1,3
Otros trastornos del pulmón	J984	1,2
Insuficiencia cardíaca congestiva	I500	1,2
Arritmia por reentrada ventricular	I470	1,2
Infarto cerebral, NE	I639	1,2
Resto de causas		46,8

Fuente: Elaboración propia con bases de mortalidad brindadas por DEIS-MSAL

Printed by Books on Demand GmbH, Norderstedt / Germany